精品课程

无人机航拍技术

慕课版

朱佳维 + 主编

张亚亚 + 副主编

ART & DESIGN

人民邮电出版社

北京

图书在版编目（CIP）数据

无人机航拍技术 : 慕课版 / 朱佳维主编. -- 北京：
人民邮电出版社，2025. --（高等院校数字艺术精品课程
系列教材）. -- ISBN 978-7-115-65993-4

Ⅰ. TB869

中国国家版本馆 CIP 数据核字第 20254EG272 号

内 容 提 要

本书以理实一体化的模式对无人机航拍的摄影摄像技术进行了较全面的阐述，按从入门到提高的进阶方式系统地讲解了无人机航拍知识，有助于读者掌握无人机航拍创作所需的技巧和方法。本书包括 13 个学习单元，分别从理论方法、技术基础、技术实务和后期制作 4 个方面介绍无人机航拍的知识。在学习单元中，读者可通过实际项目训练无人机航拍技巧和实际操作能力。

本书适合作为应用型本科院校、高等职业院校摄影摄像类课程的教材，也可作为广播电视从业人员和数字媒体产品开发人员学习无人机航拍的参考书。

◆ 主　　编　朱佳维

　　副 主 编　张亚亚

　　责任编辑　刘　尉

　　责任印制　王　郁　焦志炜

◆ 人民邮电出版社出版发行　　北京市丰台区成寿寺路 11 号

　　邮编　100164　　电子邮件　315@ptpress.com.cn

　　网址　https://www.ptpress.com.cn

　　北京世纪恒宇印刷有限公司印刷

◆ 开本：787×1092　1/16

　　印张：12.5　　　　　　　　2025 年 8 月第 1 版

　　字数：226 千字　　　　　　2025 年 8 月北京第 1 次印刷

定价：69.80 元

读者服务热线：(010) 81055256　印装质量热线：(010) 81055316
反盗版热线：(010) 81055315

前　言

　　随着人类社会的演进和科技的发展，一个由光学元件、感光材料、电子像素、多媒体影像、无线网络、云空间等构成的数字影像时代正向我们走来，我们只有深刻地认识到社会发展的客观进程及我们所处时代的变化，才能在变化中保持主动、谋求发展。本书将从这一角度出发，带领读者步入无人机摄影摄像的艺术殿堂。

　　低空经济的发展为无人机航拍等新业态提供了广阔的应用场景和市场空间，而无人机航拍等新兴服务又反过来促进了低空经济的繁荣。这种相互作用使得低空经济成为发展新质生产力的有效手段之一，为传统产业注入了新的活力，同时也为经济增长提供了新的动力。

　　无人机航拍的行为主体是无人机操作员、被摄对象及无人机拍摄系统，航拍过程就是以被摄对象为基准进行飞行规划和调整，使用无人机携带的摄像器材把光学图像信号转变为电信号，并将画面记录于存储设备中。本书从无人机航拍的理论基础到航拍的造型技巧，系统地介绍了无人机航拍器材及其基本操作，以及空中视角下的光和影的美学基础、艺术创作、航拍实践等。本书采用学习单元的形式，辅以相关重点、难点内容的案例和慕课，以期帮助读者掌握无人机航拍技术，通过空中这个独特的"窗口"，去重新观察世界，感悟不一样的人生。

　　本书定位准确，教学内容新颖，深度适当；在形式上按照教学规律编写，适合实际教学。全书的理论知识和实践分配比例恰当，两者之间相互呼应、相辅相成，为教学和实践提供了方便，特别符合高等教育注重实际能力的培养目标，具有很强的实用性。本书编写落实党的二十大精神，选例以社会主义核心价值观为引领，发展社会主义先进文化，弘扬革命文化，传承中华优秀传统文化。

　　本书学习单元1和学习单元2为理论方法篇，主要从无人机航拍的发展历程、结构原理、基本操作等方面进行讲解。学习单元3~8为技术基础篇，主要从航拍画面构图、固定镜头与运动镜头运用、航拍用光、机位选取、场面调度、分镜头脚本设计等方面讲解航拍画面拍摄的方法与技巧。需要特别指出的是，技术基础篇中学习单元8为分镜头脚本设计部分，主要讲解剧本内容、分镜头脚本设计、故事节奏控制等内容，从拍摄和分镜等多个角度系统地阐述了航拍影视作品艺术创作的理论知识和创作技巧，其中探讨了一定深度的影视理论知识，为航拍本身注入了灵魂。学习单元9~11为技术实务篇，选取了初学者常涉及的8种典型工作任务，从多个维度分析任务流程，结合各环节工作分析重点、难点，并给予具体建议，使初学者在了解航拍流程的基础上掌握拍摄重点、难点的处理方法。学习单元12和学习单元13为后期制作篇，分别基于手机端和计算机端的各自特点，通过4种典型工作任务，重点介绍了修图与剪辑的思路及方法，实现学习无人机航拍的最后闭环。

本书每个学习单元都设置了"问题与思考"模块，帮助读者进一步巩固所学知识；每个学习单元还附有实践性较强的训练项目，便于读者进行实际操作。本书建议学时为50~76学时，具体参见下面的学时分配表。

🎞 学时分配表 ▶▶

篇目	学习单元	学习内容	学时/时
理论方法篇	学习单元1	初识无人机——背后的规则	2~4
	学习单元2	初步上手航拍无人机——安全飞行	4~8
技术基础篇	学习单元3	镜头里的世界——航拍画面构图	4
	学习单元4	流动的画面——航拍固定镜头与运动镜头	4~8
	学习单元5	光与影的艺术——飞翔时看到的光	4
	学习单元6	画面之中有巧思——航拍的机位与取景	4~8
	学习单元7	航拍场面的把控——场面调度和基本规律	4~8
	学习单元8	第一个作品——设计分镜头脚本并拍摄作品	4
技术实务篇	学习单元9	个人航拍	4~8
	学习单元10	宣传片航拍	4~8
	学习单元11	影视剧航拍	4
后期制作篇	学习单元12	航拍摄影修图	4
	学习单元13	航拍视频剪辑	4
总计			50~76

本书由朱佳维任主编，张亚亚任副主编，由于编者水平有限，书中难免存在不妥之处，敬请广大读者批评指正。

编　者
2024年10月

目 录

技 | 术 | 基 | 础 | 篇

|技|术|实|务|篇|

| 后 | 期 | 制 | 作 | 篇 |

学习单元12

学习单元13

理论

篇

方法

01

学习单元1   初识无人机——背后的
规则

学习单元导引

学习目标

知识目标

1 了解航拍无人机的发展历程

2 了解航拍无人机的类别

3 掌握航拍无人机的基本组成及各部件的功能

4 掌握航拍无人机的操作与飞行技巧

能力目标

1 会操作航拍无人机进行拍摄

2 能区分不同类别的航拍无人机

3 会维护和保养航拍无人机及其配件

素养目标

1 培养对无人机航拍技术的兴趣和热情

2 明确学习目标，提高学习效率

3 增强审美能力和艺术创造能力

4 建立团队意识，提高团队协作能力

训练项目

1 分析航拍无人机的发展历程和现状

2 识别和区分不同类型的航拍无人机

3 操作航拍无人机进行拍摄

单元结构

1.1 无人机的发展历程

1.2 无人机的类别

1.3 航拍无人机的基本组成

1.4 无人机驾驶证

1.5 无人机航拍伦理

1.6 航拍无人机相关法律法规

"工欲善其事，必先利其器。"在航拍的艺术创作中，这句话显得尤为贴切。没有合适的器材，即便是最好的摄影师也难以施展拳脚；而有了先进的设备，却缺乏对技术与操作的熟练掌握，同样难以创作出触动人心的影像作品。因此，我们的学习之旅将从了解和掌握无人机这一强大工具开始。

同时，我们也会重点关注无人机航拍的伦理和相关法律法规。因为无人机不仅仅是一台飞行的相机，它还涉及隐私、安全和责任。了解并遵守这些规则，将使我们的创作过程更加得心应手，并确保每次飞行都安全、合法且富有成效。

1.1 无人机的发展历程

无人机的发展历程充满着创新和变革。无人机曾经只是科幻小说中想象出来的，现在却已经成为我们日常生活的一部分。下面，我们就一起回顾一下无人机的发展历程。

1. 萌芽阶段

19世纪末到20世纪初，人们开始探索无人机。标志性事件如下。

（1）1898年，物理学家尼古拉·特斯拉在麦迪逊广场花园的一次电学博览会上，向人们演示了通过无线电遥控一条模型船航行，从而首次

▲ 尼古拉·特斯拉

▲ 特斯拉向人们演示用无线电遥控模型船航行

实现了遥控技术。他将其称作"远程自动化"。

（2）1903年，美国莱特兄弟制造出了第一架依靠自身动力进行飞行的载人飞机"飞行者一号"。

（3）1917年，皮特·库柏和埃尔默·A.斯佩里发明了第一台自动陀螺稳定器，这种装置能够让飞机在向前飞行时保持平衡，无人飞行器自此诞生。借助这项技术成果，美国海军寇蒂斯N-9型教练机被成功改造为首架无线电控制的不载人飞行器。

▲ 莱特兄弟与"飞行者一号"纪念邮票

▲ 埃尔默·A.斯佩里在演示一个陀螺原理装置

▲ 在陀螺仪的帮助下，斯佩里空中鱼雷号飞机问世。这架飞机由美国海军的寇蒂斯N-9型教练机改造而来，利用无线电进行控制，是首架真正的无人驾驶飞机

2. 起始阶段

20世纪30年代，无人机开始进入实用的时代。标志性事件发生在1934年，英国德·哈维兰公司研制出一款发射后能自主回收并重复利用的"蜂后"无线电遥控全尺寸靶机。

3. 成长阶段

20世纪40—80年代，无人机被广泛运用于军事领域，并不断得到改进和发展。标志性事件是1966年12月，我国第一架无人机"长空一号"首飞成功。

▲ 测试中的"蜂后"无线电遥控全尺寸靶机

4. 繁荣阶段

20世纪90年代至今，随着技术的发展和新需求的产生，无人机开始在更多的领域得到应用。它们不仅被用于军事行动和边境巡逻等军用领域，还广泛应用于环境监测、新闻报道、农业监测、救援行动等多个民用领域。同时，无人机可实现的功能越来越多，尺寸也变得越来越小，随着飞行控制、

▲ "长空一号"大型高亚音速无人机是南京航空航天大学（原南京航空学院）无人机事业发展史上所承担的国家重要任务。在"长空一号"无人机平台基础上，迄今已陆续发展出长空系列大型高亚音速无人机细分型号近10种，累计生产交付无人机约500架

摄像、无线图像传输、导航等技术的普及和应用，无人机已经走进了普通人的生活。标志性事件如下。

（1）2012年，大疆无人机发布"精灵"系列第一代产品。它拥有优秀的拍摄能力、安全性能和自定义功能，可以为用户提供出色的航拍体验，同时也让无人机航拍更具创意性。

（2）2023年7月，大疆正式发布双主摄航拍无人机DJI Air 3，新增3倍中长焦镜头，可以营造独特的空间压缩感，交代清楚主体与环境的位置关系，打造画面视觉重点。该

无人机既能定格旖旎风光，也能聚焦美好人像，以出色的性能和丰富的镜头语言，提升作者的创作效率。

▲ 大疆"精灵"无人机（搭载 GoPro 运动相机）

▲ 大疆 DJI Air 3 无人机

1.2 无人机的类别

资源链接：
无人机的类别

根据无人机的机翼，可以将无人机分为固定翼无人机、无人直升机和多旋翼无人机。表1-1所示为3种常见无人机的对比。

表1-1　3种常见无人机的对比

无人机类别	飞行特点	优点	缺点
固定翼无人机	飞行速度快、飞行距离远、巡航面积大、隐蔽性好	适合多平台、多空间使用，可进行远程操控，拍摄视角多样	不能悬停，对飞行技巧要求较高，故障率较高，难以控制和管理
无人直升机	可以垂直起降、悬停、侧飞、倒飞，起降场地限制较小	具有很强的机动性，执行特种任务能力强，适应各种飞行环境	结构复杂，操作难度较大，对操作员技能要求高，维护保养成本较高
多旋翼无人机	体积小、重量轻、噪声小，起降灵活，可以悬停，可垂直起降	具有灵活性和便携性，可以抵达其他机型难以到达的地方，适合执行影视拍摄等特殊任务	受限于电池容量和负载能力，飞行时间和载重能力相对较弱，对飞行技巧要求较高

航拍无人机是无人机的一种，它主要用于空中摄影和录像。本书定位于无人机航拍相关技术领域，所涉及的航拍无人机以四轴无人机（也称四旋翼无人机，属于多旋翼无人机的一种）为主，多轴无人机（也属于多旋翼无人机）为辅。下面，我们从普通消费者的角度对航拍无人机进行分类，以下是3个常见的分类：入门级航拍无人机、专业消费级航拍无人机和专业级航拍无人机。

1.2.1 入门级航拍无人机

入门级航拍无人机也称为消费级无人机。大多数入门级航拍无人机上的摄像头主要用于"第一人称视角"的飞行娱乐，如将拍摄的视频分享到朋友圈或各类短视频App。这种无人机通常采用内置的高清摄像头，摄像头安装在四轴无人机的头部或下方。入门级航拍无人机可自己设定的拍摄参数有限，它可以记录飞行过程，并为消费者提供一个新的观察世界的视角。

虽然入门级航拍无人机都有摄像头，但因为价格低、重量轻，所以没有配备相机云台，这导致拍摄到的画面不够稳定。入门级航拍无人机绝大多数没有全球定位系统（Global Positioning System，GPS）或者更高级的飞行控制系统来帮助其进行自动飞行或跟随飞行，因此这种无人机主要供新手体验"飞行"，而不是针对那些专业的航拍无人机操控手（他们要求无人机具有自动驾驶等高级功能，以便自己能够将注意力集中在拍摄上）进行专业活动。入门级航拍无人机通常具有一些独特的卖点，如一键空翻或演示其他的特技动作，以帮助新手了解无人机。通过入门级航拍无人机，无人机操控手可以学习如何去操控一架四轴无人机，并熟悉基本的相机操作，这样就可以避免因首次飞行技术不够熟练就操控高级、昂贵的无人机，而造成设备的损坏甚至损毁的情况。

入门级航拍无人机在价格上也是有高、中、低档的，按需购买即可。入门级航拍无人机拍摄出的画面质量不高，其更侧重于让无人机操控新手体验飞行的乐趣。

▲ 入门级航拍无人机

1.2.2 专业消费级航拍无人机

专业消费级航拍无人机的范畴既包括那些航拍无人机爱好者进行各种航拍尝试的无人机，也包括更加专业的视频拍摄者所使用的无人机（这类人群希望在工作中能够拍摄一些航拍画面，但不是用更加昂贵的大型无人机携带较重的摄像设备进行拍摄）。

现在，专业消费级航拍无人机主要是四轴无人机，也有一些采用六旋翼无人机。早期航拍无人机主要搭载运动相机GoPro，随着技术的不断发展，这种分离式的相机设计逐渐暴露出由重量和风阻引发的在续航距离与飞行稳定性方面的一些问题。现在的航拍无人机开始采用摄像机与机身融合为一体的设计。这种设计将摄像机直接集成在无人机机体上，使得整个无人机系统更加紧凑，不仅能够减轻无人机的整体重量，提高飞行性能和续航能力，同时也减小了风阻，提高了无人机的飞行稳定性。另外，专业消费级航拍无人机在摄像机与机身之间往往会再配备一个三轴稳定云台，这样画面质量就得到了极大提高。

当然，专业消费级航拍无人机由于其有限的载荷能力，不能完全满足电视及电影拍摄的高标准要求，也不能携带全尺寸相机，与专业级航拍无人机相比，其画面稳定技术存在一定局限，但它仍然是将航拍影像融入日常工作、生活中的一个很好的设备。

▲ 专业消费级航拍无人机

1.2.3 专业级航拍无人机

专业级航拍无人机是无人机领域中的高级别产品，专门为专业航拍摄影摄像而设计，具有极高的性能，兼具稳定性和创新性。这类无人机通常采用六旋翼或八旋翼构型，可以根据用户的特定需求进行多种形式的定制，且载荷能力强，能够携带单反相机及专业摄影设备。

除了拍摄设备之外，专业级航拍无人机还配备了强大的导航系统和控制系统。这些系统可以让无人机自主飞行，并根据用户的需要执行各种复杂的任务。同时，专业级航拍无人机通常具有更强的抗风能力和更快的飞行速度，以便在各种复杂的环境下进行拍摄。

专业级航拍无人机的购买和使用也需要具备较为专业的知识和技能。这些无人机通常需要专业的维护和保养，以确保其性能和稳定性。同时，操控这些无人机也需要具有更高超的技术和更丰富的经验，确保飞行安全。

得益于更加先进的高速摄影技术及逐渐小型化的相机，未来无人机也将越来越小、越来越轻便，用于拍摄更专业的画面。

▲ 专业级航拍无人机

1.3 航拍无人机的基本组成

航拍无人机最常见的形态是四轴无人机，由电池、充电器、航拍相机与云台、动力与螺旋桨、遥控器、飞控模块等部分组成。

资源链接：
航拍无人机的
基本组成

1.3.1 四轴无人机的概念

现在市面上最常见的航拍无人机基本都属于四轴无人机。四轴无人机的4个螺旋桨都是电机直连的简单结构，十字形的旋翼布局允许飞行器通过改变电机转速获得旋转机身的力，从而调整自身姿态。因为其固有的复杂性，历史上从未有过大型的商用四轴无人机。近年来，得益于微机电控制技术的发展，四轴无人机的稳定性得到了极大的提升，尤其小型的四轴无人机可以自由地实现空中悬停和移动，具有很大的灵活性。四轴无人机机械稳定性好、性价比很高，在娱乐、航模、航拍等领域应用日益广泛。

> **小贴士**
>
> 四轴无人机可以分为"+"和"×"两种模式。这两种模式主要是根据正对机头方向时的无人机形状来区分的。
>
> "+"模式的机头方向位于某一个电机上，这种模式的飞行难度相对较低，但动作的灵活性较差。对于初学者来说，"+"模式通常更合适。
>
> "×"模式的机头方向位于两个电机之间，这种模式的飞行难度相对较高，但动作更加灵活。

四轴无人机在空间上共有6个自由度（分别沿3个坐标轴作平移和旋转动作），对这6个自由度的控制都可以通过调节不同电机的转速来实现。

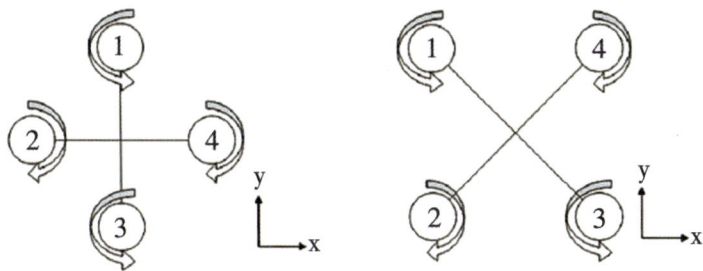

▲ 常见四轴无人机"+"和"X"模式示意图

1.3.2 电池

电池是影响无人机性能的重要因素。

1. 无人机的电池

四轴无人机的电池是其翱翔的关键动力来源，它采用先进的聚合物锂电池技术，这种电池具有许多优势。首先，它的体积相对较小，使得无人机更为轻便，方便携带。其次，它的电压较高，能够为无人机提供稳定的能量来源，确保无人机在飞行过程中具有稳定性和可靠性。最后，它的电流大，可以满足无人机在各种情况下的电能需求。

常见的无人机电池包含智能模块，在使用期间，电池能自动显示电压、剩余电量、充放电次数、电池温度等。虽然这种电池具有上述优点，但其价格相对较高，这主要由于其采用的先进技术和生产成本较高。不过，对于热衷无人机技术的爱好者来说，这种电池仍然是一种非常不错的选择。

2. 无人机的续航能力

无人机的续航能力受到许多因素的影响，如无人机的设计、电池容量、飞行环境等。例如，无人机的设计可以影响其飞行速度和耗电量。如果无人机设计得更为高效，那么它的耗电量就会减少，从而延长续航时间。同时，电池容量也是影响无人机续航能力的一个重要因素。如果电池容量更大，那么无人机就可以飞行更长时间而不必担心电量不足。另外，飞行环境也会影响无人机的续航能力。例如，在高温或高海拔环境中，无人机的续航能力可能会受到影响；在寒冷的冬季，使用无人机要特别注意，电池

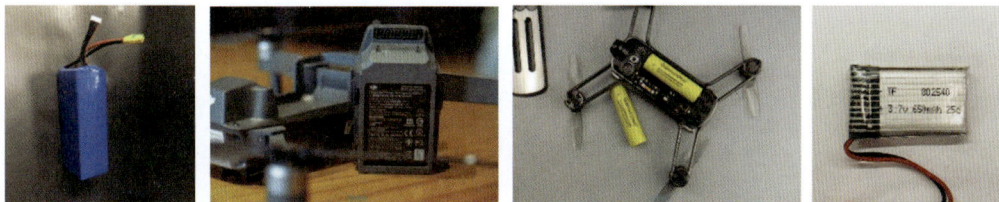

▲ 形态各异的无人机电池

温度要高于15℃，否则会因为温度过低，电池电阻增大而造成瞬间断电，威胁到飞行中的无人机的安全。

3.电池的常规保养

在日常使用中要做好电池保养工作。

●电池要定期充放电。在接好的无人机显示器上，可以设定电池在一个周期（如10天）时自动放电。

●不要将电池放在阳光曝晒或潮湿的地方。

●充电的时间不宜过长。

小贴士

　　无人机的电池被称为集成式智能动力电池，这是因为除了采用聚合物锂离子电池技术之外，该电池上还具备更多的智能部件。

　　例如，集成式智能动力电池包含了电源管理系统，为了保护电池的长时间工作安全，电源管理系统能够对电池进行充放电保护，能够始终让电池工作在安全的范围内。由于电池长期满电搁置会对电池寿命产生影响，智能飞行电池内置的电源管理系统在电池长时间搁置的情况下能够自动放电，延长电池的使用寿命。这套电源管理系统，对无人机的安全飞行起到了至关重要的作用。

　　注意：

　　在购买无人机电池时，一些非原装电池价格可能明显低于市场价，有些非原装电池初期使用问题不大，但是经过几轮充放电循环后，电池的容量会明显降低。

1.3.3　充电器

常见的充电器有充电宝电源充电、车载电源充电和常规适配器电源充电3种充电方式。一般情况下，无人机出厂时，会配备常规适配器电源充电器，有些无人机的车载电源充电器和充电宝电源充电器需另外购买。

使用充电器的注意事项如下。

●注意不要混接充电线。由于无人机遥控器和电池共用一根充电线，在充电过程中，最好不要将遥控器和电池同时接入充电。

●在给多个电池充电时，充电器可以接上并充板和电池管家，这样可以满足多个电池同时充电的需要。但需要注意的是，即使连上并充板，电池也是一个一个充的，充电的总时间不变，在一个电池充满后，电池管家上的充电指示灯会提示，方便临时取用。

▲ 充电宝电源充电、车载电源充电、常规适配器电源充电等多种充电方案

1.3.4　航拍相机与云台

航拍相机与云台是现代无人机航拍系统中不可或缺的部分，它们的质量和性能直接影响到航拍作品的效果。

1. 航拍相机

近年来无人机技术发展的重要标志之一，就是集成了较高性能和较高画质的相机。这种飞行与拍摄一体化的技术使产品价格更为低廉，使得个人购买航拍无人机从事航拍创作成为可能。虽然像大疆"精灵"一类的航拍无人机的画质还无法和单反相机相比，但一个鸡蛋大小的航拍相机能够拍摄出 4K 画质的高清晰度影像，表现已十分出色。

▲ 航拍相机

2. 云台

在视频拍摄现场，常常会有人手持一个手柄状的装置，装置内有一台摄像机，该装置能自动保持摄像机的稳定，并可以调节摄像机的角度，这就是云台。云台是指可以使物体绕轴旋转的轴径支座。但在无人机领域，云台是多个交流电机组成的安装平台，可进行水平和垂直方向的调节，除了可实现稳像功能和控制空间方位的转动，还可实现控制相机的拍照和光圈的调节等功能。

无人机云台是一个高度集成化的装置，其精度较高。无人机在空中飞行时，经常会因飞行姿态调整或遭遇大风引起机身的晃动，无人机云台此时通过电子元件感知机身的晃动幅度，并对幅度进行不断的修正，调整云台的角度，保证画面的相对稳定。云台还可以进行拍摄角度的调节。以大疆"精灵"系列为例，其云台可以进行上下俯仰调节，再加上通过机身旋转进行左右调节，这样摄影师就可以自如地调整拍摄角度了。

无人机云台十分重要。相机基座上有一个惯性测量单元（Inertial Measurement Unit，IMU），可以向云台控制器报告其方向。云台控制器控制云台电机，使相机平台再次处于水平位置。这个动作每秒钟都会重复几百次，这样即使无人机被大风吹得摇摆不定，相机平台也会非常稳定。二轴云台可实现横摇（左右倾斜）和纵摇（上下移动）稳定，三轴云台加入了偏航（转左和转右）稳定，所以使用好的三轴云台对于拍摄出稳定的视频十分重要。

▲　三轴云台

1.3.5　动力与螺旋桨

常见的航拍无人机多是四轴无人机，其4个螺旋桨为它提供动力，完成升降、进退和转动的动作。

在四轴无人机中，相邻的两个螺旋桨形状不同，而对角线上的两个则相同。在飞行中，相邻的两个螺旋桨旋转方向相反，而对角线上的两个螺旋桨旋转方向相同。无人机前进时，后侧两个螺旋桨的旋转速度会提高，后退时，则是前侧两个螺旋桨的旋转速度会提高。使用无人机要随时注意螺旋桨的状态，一旦螺旋桨有损坏要立即更换，否则会影响飞行安全。

以大疆"御"Mavic Air 2为例，其动力来源于小巧而强大的无刷电机。螺旋桨采用了独特的快拆设计，使得用户可以方便、快捷地更换桨叶，而不必使用任何工具。这种设计不仅提高了无人机的可维护性，也降低了用户的使用难度。

安装说明如下。

（1）正向桨色标为银色，反向桨则无标识，安装时需要注意区分颜色。

（2）将桨帽嵌入电机桨座并按压到底，沿锁紧方向旋紧螺旋桨，松手后螺旋桨将自动锁紧。

（3）在飞行前检查各螺旋桨是否完好，确保桨叶安装正确。

拆卸说明如下。

用力按压桨帽到底，然后沿螺旋桨锁紧方向反向旋转螺旋桨，即可拆卸螺旋桨。

▲ 大疆"御"Mavic Air 2的螺旋桨部分

1.3.6　遥控器

无人机的遥控器一般由电源开关、操作杆（左、右）、摄像键/拍照键、云台旋钮、模式旋钮和显示器等组成。

（1）电源开关：一般在无人机遥控器的醒目位置。以大疆产品为例，开启无人机需按住电源开关，先按一下，再持续按住3秒钟。关闭无人机的操作相同。这样设计的目的是防止误操作。

（2）操作杆：也称为摇杆，用来控制无人机运动的姿态。无人机操作杆的模式常见的有"美国手""日本手""中国手"。"美国手"为左操作杆控制升降油门，右操作杆控制前后左右方向；"日本手"为右操作杆控制升降油门，左操作杆控制前后左右方向；"中国手"与"日本手"类似，只是操控旋转略有区别。

（3）摄像键/拍照键：用来执行拍摄视频或照片的命令。有的遥控器上这两键分开，有的共用一个按钮。

（4）云台旋钮：云台旋钮是一个圆形的拨盘，控制云台的方向。一般情况下，它设计在遥控器左手持握的下部。

（5）模式旋钮：用来选择无人机的飞行模式。以大疆系列产品为例，模式旋钮可以在姿态模式、GPS 模式、功能模式之间进行切换。在姿态模式下，GPS 定位系统关闭，无人机不能保持自身的稳定，完全依靠操作员的操控，这需要无人机的操作员具有更加熟练的技术。

（6）显示器：是无人机飞行控制中重要的部件。有的遥控器自带显示器，现在常见的航拍无人机越来越多使用手机或平板计算机作为显示器。除了监视取景画面，与飞行相关的很多重要数据也在显示器上呈现，为操作员控制无人机提供重要

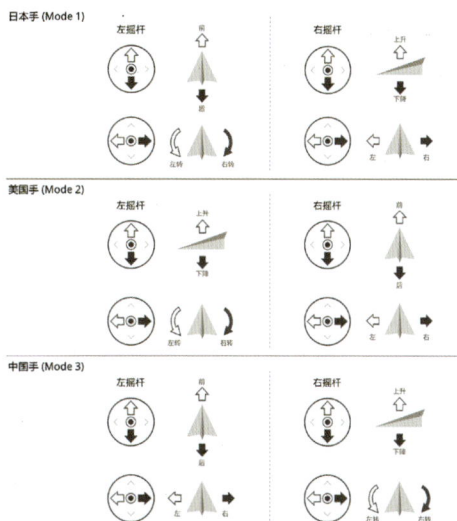

▲ 无人机按键操控模式区别

参考。外接的显示器通过数据线与遥控器相连。需要注意的是，不管是自带显示器，还是外接显示器，都要尽可能选用高亮显示屏，因为航拍无人机常常在白天阳光强烈的条件下进行工作。

▲ 大疆无人机遥控器

1.3.7 飞控模块

无人机的飞控模块是无人机的飞行控制系统，它就像计算机的CPU一样，是无人机的中枢神经系统。它能够控制无人机的飞行，在遇到外在干扰时，无人机可以通过飞控模块自动飞行或者降落。

▲ 飞控模块

1.4 无人机驾驶证

为加强对民用无人机操作员的规范管理，2018年，中国民用航空局发布《民用无人机驾驶员管理规定》，要求空机重量大于4千克、起飞重量大于7千克的无人机驾驶员持证飞行。中国民用航空局《民用航空飞行标准管理条例（2016年征求意见稿）》规定，未按照规定培训的人员操控无人机，将受到处罚。随着无人机行业的整体发展，管理部门势必会对无人机驾驶证持有人提出更高的申请要求，以适应无人机细分领域的规范。

想从事无人机行业的人、无人机飞行爱好者及现有无人机拥有者，可根据自己的需求和经济实力，来考虑需要哪种证书、参加哪种学习和培训。操控微型及轻型无人机，无需任何执照，操控小型及小型以上无人机需要相应的执照。

根据无人机驾驶员的驾驶级别，无人机驾驶证可分为视距内驾驶员（又称驾驶员）驾驶证、超视距驾驶员（又称机长）驾驶证和教员驾驶证。

根据无人机的种类，无人机驾驶证可细分为多旋翼超视距驾驶员、多旋翼视距内驾驶员和多旋翼教员驾驶证；固定翼超视距驾驶员、固定翼视距内驾驶员和固定翼教员驾驶证。

表1-2所示为市面上常见的无人机驾驶证。

表1-2 市面上常见的无人机驾驶证

证书名称	颁发机构	证书性质	适用范围	备注
CAAC无人机驾驶员执照	中国民用航空局飞行标准司	飞行执照	民用、商用，可申报空域、申请航线、从事无人机相关的商业活动等	CAAC 无人机驾驶员执照分为三个机型，分别是多旋翼、固定翼、直升机，三种机型又分视距内驾驶员、超视距驾驶员和教员三个级别，考试内容包括理论考试和实践考试。考取后可免试增发AOPA 和 ALPA 的合格证
AOPA民用无人机驾驶员合格证	中国航空器拥有者及驾驶员协会	飞行合格证	民用、商用，被行业内广泛接受，适用于多种无人机驾驶场景，可作为向空军和航空管理部门提交飞行计划申请时的个人资质证明	
ALPA民用无人机操作员应用合格证	中国民航飞行员协会	飞行合格证	民用、商用	
ASFC无人机飞行员执照	中国航空运动协会	飞行执照	主要用于遥控航空模型飞行员的资质认证，不适用于商业行为	证书一般分四级+特级共五等，不同机型的导致划分有所差异
UTC无人机驾驶航空器系统操作手合格证	大疆慧飞与中国航空运输协会通用航空分会共同颁发	飞行合格证	主要适用于大疆无人机的操作员资质认证	具有一定的行业认可度
人社部无人机驾驶员职业资格证书	人力资源和社会保障部	资格等级证书	行业资质	通过相关考试可获得人社部颁发的无人机驾驶员职业资格证书，是对无人机驾驶员职业技能的认可，在就业和职业发展方面具有一定的参考价值

▲ UTC无人驾驶航空器系统操作手合格证

▲ AOPA民用无人机驾驶员合格证

1.5 无人机航拍伦理

伦理是指在处理人与人、人与社会相互关系时应遵循的道理和准则，是一系列指导行为的观念，是从概念角度对道德现象的哲学思考。它不仅包含着人与人、人与社会和人与自然之间关系处理的行为规范，也蕴涵着依照一定原则来规范行为的深刻道理。

在伦理学中，有3项基本原则被认为是最基础、最重要的，它们分别是尊重原则、善意原则和公正原则。而由这3项基本原则又进一步产生了尊重（自主）原则、不伤害原则、有利（行善）原则、公正原则和知情同意原则。下面，我们通过3个案例来加以说明。

案例1：一家人住在17楼，发现窗外有无人机对自己进行偷拍，这家人随即报警。很明显，该无人机操作员的行为突破了伦理的底线，同时违反了《中华人民共和国治安管理处罚法》。

案例2：很多公园、景区是禁止游客使用无人机进行航拍的。所以，我们在这类场所进行航拍前，不仅需要完成飞行申请，还需要了解公共场所的具体规定并予以遵守。

资源链接：
无人机航拍伦理

案例3：某地派出所的民警在工作中发现，一男子在互联网上传了几段无人机航拍的视频，内容为某处铁路沿线。在核查比对后，民警确认该无人机在空中拍摄视频时，处在电气化铁路线路500米空域范围内，已经涉嫌危害电气化铁路设施。无人机一旦掉落到接触网上，将造成线路短路，严重的还会影响行车安全，甚至威胁到人民群众的生命安全。该男子的行为违反了《铁路安全管理条例》。

遵守无人机航拍伦理，可以大大降低违反相关法律法规和社会公共秩序的概率，突破伦理的行为不仅会给自己带来严重的法律后果和社会负面影响，还会给其他人带来不必要的困扰和伤害。因此，在无人机航拍过程中，遵守伦理就是尊重他人的权利和尊严，同时也维护了相关的法律法规和社会公共秩序。

1.6 航拍无人机相关法律法规

大多数航拍无人机操作员都知道要遵守国家法律法规进行飞行，但具体要遵守哪些法律法规，法律法规中又有哪些规定呢？

航拍无人机主要涉及的法律法规包括《中华人民共和国民用航空法》《中华人民共和国飞行基本规则》《通用航空飞行管制条例》《无人驾驶航空器飞行管理暂行条例》及《中华人民共和国无线电管理条例》。其中，与航拍无人机最直接相关的是《无人驾驶航空器飞行管理暂行条例》。

国务院、中央军事委员会于2023年颁布《无人驾驶航空器飞行管理暂行条例》，该条例自2024年1月1日起施行。其中，有6个方面法律条文与航拍无人机关系密切。下面，我们将基于《无人驾驶航空器飞行管理暂行条例》（以下简称《条例》）进行讲解。

为了方便理解，以下涉及无人机的分类及数据指标，均以大疆航拍无人机为例进行分析解读。

资源链接：
航拍无人机相关
法律法规

1. 分类管理

《条例》原文第六章节选：

第六十二条

（二）微型无人驾驶航空器，是指空机重量小于0.25千克，最大飞行真高不超过50米，最大平飞速度不超过40千米/小时，无线电发射设备符合微功率短距离技术要求，全程可以随时人工介入操控的无人驾驶航空器。

（三）轻型无人驾驶航空器，是指空机重量不超过4千克且最大起飞重量不超过7千克，最大平飞速度不超过100千米/小时，具备符合空域管理要求的空域保持能力和可靠被监视能力，全程可以随时人工介入操控的无人驾驶航空器，但不包括微型无人驾驶航空器。

（四）小型无人驾驶航空器，是指空机重量不超过15千克且最大起飞重量不超过25千克，具备符合空域管理要求的空域保持能力和可靠被监视能力，全程可以随时人工介入操控的无人驾驶航空器，但不包括微型、轻型无人驾驶航空器。

解读：微型无人驾驶航空器、轻型无人驾驶航空器、小型无人驾驶航空器三种类型涉及无人机航拍。由《条例》可以看出，只有微型无人机的分类中涉及真高和最大飞行

速度，而这两点直接决定了航拍无人机是属于微型机还是属于轻型机。例如，大疆Mini2的重量为 249克，按照重量来说它属于微型无人机，但是它最大飞行速度在运动模式下可达 57.6千米/小时，因此综合来看，大疆 Mini2也属于轻型无人机。

2.无人机操控员证书执照

《条例》原文第二章节选：

第十六条

操控小型、中型、大型民用无人驾驶航空器飞行的人员应当具备下列条件，并向国务院民用航空主管部门申请取得相应民用无人驾驶航空器操控员（以下简称操控员）执照：

（一）具备完全民事行为能力；

（二）接受安全操控培训，并经民用航空管理部门考核合格；

（三）无可能影响民用无人驾驶航空器操控行为的疾病病史，无吸毒行为记录；

（四）近5年内无因危害国家安全、公共安全或者侵犯公民人身权利、扰乱公共秩序的故意犯罪受到刑事处罚的记录。

第十七条

操控微型、轻型民用无人驾驶航空器飞行的人员，无需取得操控员执照，但应当熟练掌握有关机型操作方法，了解风险警示信息和有关管理制度。

解读：独立操作的小型、中型、大型无人机，其操作员应当取得安全操作执照。而微型、轻型无人机只要在适飞空域内，其操作员不需要参加培训就可以进行操作。但是一旦超过了适飞空域，对于轻型无人机，其操作员就需要通过考试并取得UTC证书；而对于独立操作的小型、中型、大型无人机，其操作员则需要获得 AOPA等执照。关于考取证书执照，前文有详细的介绍。

3.无人机实名登记与保险

《条例》原文第二章节选：

第十条

民用无人驾驶航空器所有者应当依法进行实名登记，具体办法由国务院民用航空主管部门会同有关部门制定。

第十二条

使用民用无人驾驶航空器从事经营性飞行活动，以及使用小型、中型、大型民用无人驾驶航空器从事非经营性飞行活动，应当依法投保责任保险。

解读：实名登记加强了无人机飞行的监管，确保飞行活动的可追溯性和安全性。通过实名登记，可以明确无人机所有者的信息，一旦发生飞行事故或违法行为，能够迅速定位并追究责任。这样的规范进一步杜绝了"黑飞"现象。

投保责任保险可以保障无人机飞行活动的安全，减少因飞行事故给第三方造成的损失。当发生飞行事故时可以及时赔偿受害者的损失，降低纠纷和风险。尽管增加了航拍无人机的使用成本，但对于使用者来说也是一种保护，毕竟使用无人机本身存在很多不可控的风险。

4. 适飞空域的界定

《条例》原文第三章节选：

第十九条

国家根据需要划设无人驾驶航空器管制空域（以下简称管制空域）。

真高120米以上空域，空中禁区、空中限制区以及周边空域，军用航空超低空飞行空域，以及下列区域上方的空域应当划设为管制空域：

（一）机场以及周边一定范围的区域；

（二）国界线、实际控制线、边境线向我方一侧一定范围的区域；

（三）军事禁区、军事管理区、监管场所等涉密单位以及周边一定范围的区域。

第三十一条

组织无人驾驶航空器实施下列飞行活动，无须向空中交通管理机构提出飞行活动申请：

（一）微型、轻型、小型无人驾驶航空器在适飞空域内的飞行活动。

解读：从"适飞空域"和"管制空域"两个不同用词来看，微型无人机（如大疆DJI Mini 3、DJI Mini 4 Pro及DJI Neo等型号）在50米以下适飞空域飞行，而轻型无人机（如大疆Phantom 4 系列、Mavic 2 系列、Phantom系列）在120米以下适飞空域飞行，飞行前无须报备或申请。一部分无人机（如大疆"御"Mavic Air 2）在真高120米以上或管制空域飞行，需要提前向相关部门提交飞行申请，反之则无需申请。

5. 飞行计划的报备与申请

《条例》原文节选：

第三章第二十六条

除本条例第三十一条另有规定外，组织无人驾驶航空器飞行活动的单位或者个人应当在拟飞行前1日12时前向空中交通管理机构提出飞行活动申请。空中交通管理机构应当在飞行前1日21时前作出批准或者不予批准的决定。

按照国家空中交通管理领导机构的规定在固定空域内实施常态飞行活动的，可以提出长期飞行活动申请，经批准后实施，并应当在拟飞行前1日12时前将飞行计划报空中交通管理机构备案。

第六章　第六十一条

本条例施行前生产的民用无人驾驶航空器不能按照国家有关规定自动向无人驾驶航空器一体化综合监管服务平台报送识别信息的，实施飞行活动应当依照本条例的规定向空中交通管理机构提出飞行活动申请，经批准后方可飞行。

解读：微型无人机在禁止飞行空域外飞行，无须提前进行飞行计划申请。

轻型、植保无人机在适飞空域飞行，无须提前进行飞行计划申请，但需向综合监管平台实时报送动态信息。

关于无人机的飞行报备。以上海为例，通常是通过警民直通车公众号进行飞行计划申请。虽然法律规定了无须进行飞行计划申请的情况，但建议最好还是在每一次飞行前都进行飞行计划申请，一方面，操作员在航拍过程中可能会存在飞越适飞空域的情况；另一方面，目前禁飞区的标定显示并不完善，通过飞行计划申请可以确认及了解允许飞行的范围。

6. 关于处罚

《条例》原文第五章节选：

第四十七条

违反本条例规定，民用无人驾驶航空器未经实名登记实施飞行活动的，由公安机关责令改正，可以处200元以下的罚款；情节严重的，处2000元以上2万元以下的罚款。

违反本条例规定，涉及境外飞行的民用无人驾驶航空器未依法进行国籍登记的，由民用航空管理部门责令改正，处1万元以上10万元以下的罚款。

第四十八条

违反本条例规定，民用无人驾驶航空器未依法投保责任保险的，由民用航空管理部门责令改正，处2000元以上2万元以下的罚款；情节严重的，责令从事飞行活动的单位停业整顿直至吊销其运营合格证。

第五十条

无民事行为能力人、限制民事行为能力人违反本条例规定操控民用无人驾驶航空器飞行的，由公安机关对其监护人处500元以上5000元以下的罚款；情节严重的，没收实施违规飞行的无人驾驶航空器。

违反本条例规定，未取得操控员执照操控民用无人驾驶航空器飞行的，由民用航空管理部门处5000元以上5万元以下的罚款；情节严重的，处1万元以上10万元以下的罚款。

解读：《条例》中第五章是关于法律责任的条款，内容包括从第四十四条至第五十六条，主要是关于法律责任的界定及处罚，此处节选了3条与无人机航拍有关的内容，第四十七条与第五十条处罚条款中涉及公安机关对违法人员进行罚款，甚至没收无人机的条款。但因《条例》并未阐述更为具体的行为和情节，所以公安机关在处罚时将根据具体情况并依据相适应的法律条款进行处罚，其涉及的案由，轻则可以是扰乱公共场所秩序，重则可能涉及寻衅滋事、过失致人死亡等。

项目一　讨论无人机的发展带来的变化

● 项目目的

让学生以小组为单位，运用本单元所学知识，同时利用互联网搜集到的无人机发展知识，深入讨论并分析，从感性认识上升到理性认识。

（1）了解各时期推动无人机发展的动力分别是什么？

（2）中国为什么会诞生大疆无人机？

（3）大疆与曾经的商业竞争对手发生了哪些故事？

● 项目要求

（1）3~6人为一组，组长作为召集人，讨论并确定收集资料的思路和方向，分配每位组员的工作任务。

（2）各组发言人可以围绕以上3个问题进行总结性发言，简要提出自己对未来无人机发展的展望。

（3）教师对各组任务进行点评总结。

项目二　找找看

● 预备知识

从外观结构来说，航拍无人机由四轴飞行器、电池与续航、充电器、航拍相机、云台、螺旋桨、遥控器、飞控模块和附件等部件组成。

● 实践内容

（1）3~6人为一组，为每组分配一台航拍无人机，供其观察识别各个组成部件，参照已下发的电子版航拍无人机说明书，能口述各部件的作用及功能。

（2）教师组织知识竞赛，随机抽签来决定参赛人员和竞赛问题，调动学生积极性。

项目三　讨论伦理和法律法规问题

● 预备知识

伦理和法律都是社会规范，但它们的目的是不同的。伦理主要是关于我们应该怎么做的原则和标准，它更关注的是道德层次和道德行为。而法律法规则是一种由国家或各级行政机构制定和执行的规则，它关注的是社会秩序的公平和公正。

例如，在课堂上的学生应该尊重他人的权利和自由，这是伦理的要求；同时，也必须遵守课堂纪律，这是校纪校规的要求。

● 实践内容

（1）列举一个因航拍不当行为造成突破伦理的案例。

（2）列举一个因航拍不当行为造成违法违规的案例。

（3）用自己的理解来表述伦理和法律法规的关系。

🔍 问题与思考

1. 无人机的发展经历过哪几个阶段？代表性事件有哪些？

2. 航拍无人机是如何分类的？

3. 操作员在操控无人机时，在什么前提条件下需要考取飞行执照？

基于问题与思考的微课视频（参考）

航拍无人机如何
分类

无人机操作员的
飞行执照

02

学习单元2　初步上手航拍无人机——
　　　　　　安全飞行

学习单元导引

—— 学习目标

知识目标

1	了解无人机航拍的基本操作流程和安全飞行原则
2	熟悉气候、环境对无人机航拍飞行的影响及应对策略
3	掌握航拍无人机的手动和自动飞行模式及其操作方法
4	了解进阶训练的内容和方法

能力目标

1	能进行无人机航拍的基本操作和安全飞行
2	能根据气候和环境调整飞行策略，避免炸机风险
3	能熟练切换航拍无人机的手动和自动飞行模式，并进行相关操作

素养目标

1	培养对无人机航拍的安全意识和责任感
2	明确学习目标，提高学习效率
3	增强应对突发情况的能力和紧急处理能力
4	建立团队意识，提高团队协作能力

—— 训练项目

1	模拟无人机航拍的基本操作和安全飞行
2	分析气候、环境对无人机航拍飞行的影响，制订应对策略
3	切换航拍无人机的手动和自动飞行模式，进行实际飞行操作

—— 单元结构

2.1	航拍无人机操作的一般流程
2.2	规避炸机风险
2.3	首次起飞（自动模式）
2.4	手动飞行
2.5	进阶训练
2.6	无人机训练注意事项

操作无人机飞行不仅是一项令人兴奋的技能，同时也为我们未来的职业发展开辟了新的路径。无论是环境监测、农业植保，还是救援搜索，无人机都在为社会带来深刻的变革。然而，飞行并非易事，我们需要理解飞行原理、精通操作技巧，并确保飞行安全。天气、环境及飞行中的种种隐患都是我们需要考虑的因素。下面，我们将一同解析航拍无人机的基本操作，探讨如何规避风险，并实践各种飞行技巧。在此过程中，我们不仅会感受到飞行的魅力，还会为自己的未来增添更多可能性。

2.1 航拍无人机操作的一般流程

航拍无人机操作的一般流程主要包括起飞前、飞行中和降落后3个部分。

资源链接：航拍无人机操作的一般流程

1.航拍无人机起飞前

（1）场地选择：选择一个空旷、没有障碍物和电磁干扰的场地。确保无人机在起飞和飞行过程中能够安全、稳定地运行。

（2）校准遥控器：按照说明书上的步骤，校准遥控器，确保遥控器与无人机之间的通信畅通无阻。这有助于确保在起飞和飞行过程中，遥控器能够准确无误地控制无人机的行动。

（3）检查无人机：起飞前，应检查无人机的各项性能指标，如电池电量、电机转速、GPS信号等。确保无人机处于良好的工作状态，避免在飞行过程中出现意外情况。

（4）安装调试：根据无人机的型号和说明书的要求，正确安装无人机的各个部件，包括电机、桨叶、电池、GPS模块等。确保无人机的机械部件和电子部件安装正确，电机能够正常旋转，桨叶没有损伤或变形。同时，进行遥控器和无人机的配对设置，调整飞行参数和功能设置，确保无人机处于最佳的工作状态。

（5）起飞无人机：调整无人机的重心，确保无人机能够稳定起飞。同时，注意观察周围环境，避免无人机在起飞过程中碰到障碍物或飞离控制范围。

2.航拍无人机飞行中

（1）调整飞行高度和方向：通过遥控器不断调整无人机的飞行高度和方向，使其按照预定的航线飞行。同时，密切关注无人机的飞行速度和姿态，以及周围环境的变化，如风向、风速等。

（2）拍摄照片或视频：利用无人机的摄像头拍摄照片或视频。注意构图、光线和稳

定性等因素，以提高拍摄质量。

（3）监视无人机状态：时刻监视无人机的状态，包括电量、信号强度、飞行高度和方向等。如果发现异常情况，应及时采取措施，确保无人机的安全。

3. 航拍无人机降落后

（1）场地选择：选择一个与起飞场地相似且没有障碍物和电磁干扰的宽敞场地，确保无人机能够平稳地降落。

（2）调整无人机姿态：在无人机接近降落场地时，调整无人机的姿态，确保无人机能够平稳着陆。注意无人机的重心和稳定性，避免在降落过程中出现翻倒或损坏的情况。

（3）降落无人机：在确认无人机已经调整好姿态后，开始降落无人机。注意观察无人机的速度和高度，以及周围环境的变化，如风向、风速等。在确认无人机已经安全降落后，关闭遥控器和无人机电源，结束航拍飞行。

（4）检查无人机：在降落后，再次检查无人机的各项部件是否有损坏或异常情况，如有需要，及时进行维修或调整。同时，将无人机保存于干燥、通风良好的地方，避免长时间暴露在阳光下或潮湿的环境中。

2.2 规避炸机风险

无人机航拍为摄影师开辟了一个全新的视角，带来了前所未有的创作机会。但与此同时，无人机炸机也是每位操作员最为担忧的问题。为了确保飞行安全，我们需要深入了解哪些因素可能对无人机飞行造成威胁，并学会规避这些风险。

资源链接：
规避炸机风险

2.2.1 气候及环境对飞行的影响

1. 风的影响

风是无人机飞行的首要威胁。当室外风速达到5级以上，树木和小草都会明显摇摆，此时的强风很容易将无人机吹走。在大风中操作无人机不仅困难，而且极易导致炸机。这是因为大风超过了无人机的最大抗风能力，使其无法正常稳定飞行。

即使是微风，也会对无人机造成一定的影响。例如，微风会导致无人机的续航时间缩短，因为飞机需要消耗更多的能量来对抗风的阻力。表2-1所示为13级风的风速范围及目视观察的现象。

表2-1　13级风的风速范围及目视观察的现象

气象风级	风速范围（米/秒）	目视观察现象描述
0	0.0~0.2	静，烟直上
1	0.3~1.5	轻风，烟能指示风向，树叶略有摇动
2	1.6~3.3	轻风，面部感觉有风，树叶有微响，旗子开始飘动，高的草开始摇动
3	3.4~5.4	微风，树叶及微枝摇动不息，旗帜展开，高的草摇动不息
4	5.5~7.9	和风，能吹起地面灰尘和纸张，使树的小枝微动，高的草呈波浪起伏
5	8.0~10.7	清劲风，有叶的小树摇摆，内陆的水面有小波，高的草波浪起伏明显
6	10.8~13.8	强风，大树枝摇动，电线呼呼有声，举伞困难
7	13.9~17.1	疾风，全树摇动，大树枝弯下来，迎风步行感觉不便
8	17.2~20.7	大风，可折毁小树枝，人迎风前行感觉阻力很大
9	20.8~24.4	烈风，草房遭受破坏，屋瓦被掀起，大树枝可折断
10	24.5~28.4	狂风，树木可被吹倒，一般建筑物遭破坏
11	28.5~32.6	暴风，陆上少见，摧毁力极大
12	>32.6	飓风，陆上绝少见，摧毁力极大

以上是基于蒲福风级（Beaufort Scale）的描述，它是国际上通用的风力等级表示方法

2. 雨、雪和雷电

雨水对无人机电路构成威胁。无论大雨还是小雨，雨水都可能导致无人机电路短路。尤其是大雨，它往往伴随着大风，增加了炸机的风险。

大雪后，如果天气放晴，可以利用无人机拍摄美丽的雪景。但正在下雪时，雪花会对无人机产生阻力，影响飞行的稳定性。

雷电是飞行的最大威胁。雷电天气下飞行极易导致炸机，因此应该绝对避免在雷电天气下飞行。

3. 云的影响

云看似轻盈，但对无人机来说，穿越云层的风险很大。云由大量的细微水滴组成，当无人机穿越云层时，这些小水滴可能渗入机体，导致电子设备短路。

4. 温度与海拔

温度对无人机的电池性能有很大影响。低温会导致电池放电能力减弱，从而缩短飞行时间。极端低温甚至可能导致电池续航时间大幅缩短。因此，在寒冷环境下飞行，需要做好电池的保温工作。

高温同样不利于无人机飞行。高温会影响电池、电机等设备的正常工作，而且高温下空气的密度也会降低，影响飞行稳定性。

海拔高度对无人机的飞行也有很大影响。随着海拔的升高，空气密度降低，导致螺

旋桨产生的升力减小，飞机需要消耗更多的能量来维持飞行。同时，海拔越高，温度越低，对飞行也会产生不利影响。因此，在海拔6000米以上的区域飞行时，无人机的电池及动力系统性能会下降，可能导致飞行不受控制，增加炸机的风险。

为了确保无人机的安全飞行，操作员需要时刻关注上述环境和气候因素。在不利的环境下飞行，不仅可能导致炸机，还会对周围的人和物造成威胁。因此，每次飞行前都需要进行详细的场地检查和天气预测，确保在最佳的条件下进行飞行操作。

2.2.2　室内飞行的不稳定因素及其应对策略

随着无人机技术的日益成熟，越来越多的航拍爱好者选择在室内进行飞行操作。然而，室内环境与室外相比，存在许多不稳定因素，这些都可能影响到无人机的正常飞行，甚至导致炸机。为此，我们必须对室内飞行的不稳定因素有深入的了解，并学会有效规避这些风险。

1. 信号干扰

室内环境中的电子设备、无线电信号等都可能成为无人机的信号干扰源。为了确保无人机与遥控器之间的稳定通信，可以采取使用信号增强器或天线的方式来增强信号的接收能力。此外，选择具有较强抗干扰能力的无人机设备也能在一定程度上减少信号干扰的问题。

2. 光线条件

室内光线通常不如室外明亮，且容易存在光线不均匀的情况。这对依赖光线进行视觉定位的无人机来说，无疑增加了飞行的难度。因此，在室内飞行时，确保充足且均匀的光线条件至关重要。可以通过增加照明设备、调整摄像头设置等方式来优化光线条件，提高无人机的飞行稳定性。

3. 气流条件

室内环境中的空调、风扇等设备产生的气流也可能会对无人机的飞行造成影响。为了避免气流干扰，可以在无人机底部安装气流减阻装置，如小型挡风板或导流板等，以减少气流对无人机飞行的影响。同时，在飞行过程中也应尽量避免将无人机飞行至空调或风扇等设备附近。

▲　画面中的一排小圆孔是空调出风口（一般商场商用空调的出风速度在10～15米/秒，该风速是气象学中定义的5~7级风）

4. 硬件与飞行控制问题

无人机自身的硬件问题或飞行控制问题也可能导致飞行不稳定。因此，定期检查无人机的硬件部件及飞行控制系统是否正常工作十分重要。一旦发现问题，应及时维修或更换部件，以确保无人机始终保持良好的飞行状态。

5. 撞击障碍物与失控坠落

由于室内空间相对狭窄，且可能存在家具、墙壁等障碍物，所以无人机在室内飞行时更容易发生撞击或失控坠落的情况。为了降低这类风险，可以在室内安装照明设备以提高空间可视度，同时也可以使用无人机避障器或在无人机底部安装保护装置来减轻撞击造成的损害。此外，控制飞行速度、提高操作技能等也能有效降低撞击障碍物的风险。

6. 电池故障

电池故障是室内飞行中不可忽视的一个因素。为了避免电池问题导致的炸机事故，应定期检查电池状况，及时更换老化或损坏的电池。同时，在飞行过程中也应密切关注电池电量，确保无人机在电量充足的情况下进行飞行。

总之，为了确保航拍无人机在室内飞行的安全性，需要注意以下几点。

（1）确保无人机的飞行控制系统和电池等关键部件正常工作。

（2）注意室内光线和气流条件，确保无人机能够稳定飞行。

（3）避免过快飞行，应控制无人机的飞行速度。

（4）使用无人机避障器或保护装置来减少撞击障碍物对无人机的影响。

（5）参加专业培训或学习相关书籍，提高自己的操作技能。

（6）在室内飞行时，可以选择使用无人机回收装置或安全网来减少无人机坠落对周围人员和物品的影响。

无人机在室内飞行的安全须从多个方面综合考虑。这包括但不限于信号干扰、光线条件、气流条件、硬件与飞行控制问题，以及撞击障碍物和电池故障等因素。只有对这些不稳定因素有充分的了解，并采取相应的应对措施，我们才能有效地降低室内飞行中的炸机风险，确保无人机飞行的安全与稳定。

2.2.3 其他室外飞行可能的安全隐患

无人机在室外飞行时，除了之前提到的室内飞行的不稳定因素外，还需要注意一些特定的室外安全隐患。这些隐患可能来自周围环境，也可能与无人机操作有关。以下是一些常见的室外飞行安全隐患。

1. 高大建筑

在室外飞行时，无人机操作员必须时刻注意周围的建筑物。靠近高大建筑物飞行会给无人机带来GPS信号接收难的问题。由于GPS信号在空气中是直线传播的，当无人机过于靠近建筑物时，它可能接收不到足够的GPS信号。这可能导致无人机从定点模式跳出，转变成姿态模式，使得无人机漂移并最终撞上建筑物。另外，有些建筑物材料会反射GPS信号，这也可能造成GPS信号的"多径"现象。这种现象会产生假的GPS信号，

▲ GPS信号的"多径"现象，即多路径效应（Multi-Path Effect），有时也简称多径效应，指的是接收机在接收GPS信号的过程中，除了接收直接来自卫星的信号，还可能接收到经过周围物体反射后的信号。这些反射的信号改变了传播方向、振幅、极化及相位等，与直线信号产生叠加，从而使观测值偏离其真值而产生误差

干扰无人机的导航系统，导致其飞行不稳定，最终也可能出现撞击事故。

2. 人群聚集的环境

无人机在飞行时应远离人群聚集的区域。人群聚集的地方不仅有更多的人，还有许多活动，这增加了无人机飞行的风险。在人群头顶上飞行是极其危险的，一旦发生意外，可能导致人员伤亡。因此，无人机操作员应该选择远离人群的地方进行飞行，避免发生第三者损失。如果需要在人群密集的区域拍摄，操作员可以在人群密集区域边缘以外的位置飞行，以保证人民的生命安全。

▲ 无人机在飞行时应远离人群聚集的区域。一旦无人机发生意外情况，在无任何保护的状态下与人体或其他物体发生接触，其高速旋转的桨叶就可能会造成严重且无法挽回的伤害。无人机的桨叶转速通常高达5 000~6 000转/分钟，再结合其轻薄、细长的设计和异常坚韧的材质，使得无人机在飞行中具有极高的动能和切割能力

3. 放风筝的区域

放风筝的区域对无人机来说是一个潜在的危险区域。风筝通常配备较长的细线，这些线在空中很难被无人机操作员察觉。如果无人机与风筝线相撞，后果可能是灾难性的。风筝线可能会缠住无人机的螺旋桨或电动机，导致无人机失去平衡或动力，最终坠毁。因此，操作员在选择飞行地点时应避免放风筝的区域，以降低与风筝线相撞的风险。

4. 高压电线与磁场

高压电线是室外飞行中的另一个安全隐患。高压电线附近会产生强大的磁场，这对无人机的导航与控制系统构成威胁。建议无人机与高压线至少要保持500米距离，以防止无人机中的磁罗盘等电子器件受到磁场干扰，导致失控甚至坠机。

需要特别注意的是，不仅交流电会产生磁场，直流电也会产生磁场。因此，在接近任何电流产生的磁场时，都需要特别小心。进行无人机飞行时，一定要远离高压线塔及输变电的设施设备。

总之，为了保证无人机飞行的安全，我们应尽量避免各种安全隐患。无论是室内还是室外飞行，我们都需要对周围环境有充分的了解，并采取适当的预防措施。只有这样，我们才能充分享受无人机飞行带来的乐趣和便利，同时确保人员和财产的安全。

▲ 挂在电线上的无人机（请勿模仿！无人机损毁本就不是一件小事，但如果无人机不慎损坏高压电线或相关设施，其后果可能更为严重。除了可能面临巨额的经济赔偿，以承担修复或替换受损设施的费用外，相关责任人还可能因违反法律法规而承担连带的法律责任）

2.3 首次起飞（自动模式）

首次起飞对于每一位无人机操作员而言，都是一个特殊且重要的时刻。在启动无人机之前，应与无人机保持一个安全的距离，并稳稳地握住遥控器。这样不仅能够确保无人机安全起飞，还能给操作员带来更好的控制体验。

资源链接：
首次起飞（自动模式）

1. 握持遥控器的姿势

正确握持遥控器是确保精确控制无人机的关键。操作员应双手握住遥控器的两侧，确保手部稳定且不易滑动。同时，两个大拇指应轻轻按住遥控杆的顶端，这样可以更好地操控无人机。而两个食指则应放在遥控器前端两侧，以便随时操控各种按键和转盘。

▲ 正确握持遥控器

2. 正确的天线指向

在操控无人机时，确保无人机始终处于最佳的通信范围内是至关重要的。操作员应随时调整自己与无人机之间的方位与距离，或根据需要调整天线的位置，以确保飞行安全。

3. 启动电机

采取正确的启动方式，可以有效延长电机的使用寿命，并确保无人机安全升空。在启动电机前，首先采取内八或外八的摇杆动作。当电机起转后，应立即松开

▲ 加装天线增强信号　　▲ 正确地启动电机

手，让摇杆回到中间位置。这样可以确保无人机在起飞前进行自检，并检查电机的状态，为安全飞行提供保障。

4. 自动起飞

对于首次飞行，建议选择自动起飞模式。首先单击自动起飞按钮，在弹出的确认窗口中按照提示操作，无人机即可自动起飞。起飞后，无人机将在离地面1.2米的高度保持悬停。这时，操作员可以进行简单的上升和下降练习，熟悉遥控器的操作方式。

5. 自动降落

为了确保首次飞行的安全，自动降落也是一个很好的选择。当需要将无人机降至1.2米左右的高度时，点击自动降落按钮，并按照确

▲ 选择自动起飞模式　　▲ 选择自动降落模式

认窗口中的提示操作，无人机即可自动降落。降落后，电机将自动关闭，确保无人机安全着陆。

2.4　手动飞行

资源链接：
手动飞行

手动飞行的优势在于操作员可以实时调整无人机的位置和角度，捕捉到独特的画面和视角。因此，在进行手动飞行时，操作员需要保持冷

静、专注，并遵守相关法规和安全规定。

1. 手动起飞

首先，将无人机平稳地放置于起飞点，确保机头指向前方，机尾对着自己。接着，采取内八字打杆的方式激活电机，并缓慢向上推油门摇杆，使无人机平稳起飞。手动飞行可以使操作员更好地体验飞行的乐趣。

2. 手动降落

除了自动降落，手动降落也是一项必要的技能。当需要下降时，操作员应缓慢下拉油门摇杆收油，使无人机平稳下降并落于平整地面。特别注意，降落后电机并不会马上关闭。为了确保安全，操作员应将油门摇杆拉到最低位置并保持3秒以上，直至电机完全停止。只有在确认电机关闭后，才可接近无人机。

3. 关机

正确的关机步骤对于无人机的维护和保养来说同样重要。长按无人机电源2秒以上，当电源开关灯熄灭时，表示无人机已成功关闭。接着关闭遥控器电源即可。

4. 紧急停机

在飞行过程中，万一遇到紧急情况（如大风、GPS信号受到严重干扰等）导致无人机失控时，紧急停机功能就显得尤为重要。通过紧急停机操作可以让电机迅速停止转动，降低因失控而造成的潜在风险。但请注意，紧急停机是一种应急措施，除非遇到特殊情况，否则不要轻易使用。

2.5 进阶训练

在无人机航拍中，除了基础的飞行技巧，更有众多高级技巧等待探索。下面我们介绍7种飞行方式中的一系列进阶飞行技巧，使用这些技巧，我们可以拍出更为炫酷、专业的镜头。

资源链接：
进阶训练

1. 直线飞行

（1）起飞：通过遥控器的油门摇杆控制无人机起飞。轻轻向上推动油门摇杆，无人机将开始升空。注意，在起飞阶段要保持无人机稳定，避免其倾斜或摇晃。

（2）进入直线飞行：当无人机升至适当的高度后，调整遥控器的俯仰摇杆和方向摇杆，使无人机保持水平直线飞行。确保无人机在前后、左右方向上保持稳定，不出现偏移。

（3）控制飞行速度和高度：根据需要，通过遥控器上的速度调节按钮控制无人机的飞行速度。同时，通过油门摇杆控制无人机的飞行高度。在直线飞行中，根据拍摄需求和环境条件，适当调整飞行速度和高度。

（4）保持直线飞行轨迹：在飞行过程中，通过微调遥控器的俯仰摇杆和方向摇杆，确保无人机保持直线飞行轨迹。注意观察无人机的飞行状态和周围环境，避免碰撞或偏离预定路线。

▲ 无人机直线飞行示意图

2. "之"字形飞行

（1）起飞与定位：首先，按照常规的起飞步骤，让无人机升空并到达适当的高度；然后，通过遥控器调整无人机的位置，使其对准"之"字形的起点。

（2）开始"之"字形飞行：将无人机向前推进，同时略微向上爬升，开始"之"字形第一段的飞行。

（3）转弯：当无人机到达"之"字形的第一个转折点时，通过遥控器轻推方向摇杆，使无人机平滑地转弯。注意控制好转弯的角度和半径，以保持飞行的稳定和流畅。

（4）反向飞行：在完成第一个转弯后，控制无人机沿与第一段相反的方向飞行，同时进行适量的下降操作，开始"之"字形第二段的飞行。

▲ 无人机"之"字形飞行示意图

（5）再次转弯与结束：当无人机到达"之"字形的第二个转折点时，再次通过遥控器控制无人机平滑转弯，并沿与第二段相反的方向飞行，完成"之"字形最后一段的飞行。最后，控制无人机平稳降落，结束"之"字形飞行。

3. 旋转上升飞行

（1）起飞定位：首先，启动无人机并让它升空到达合适的高度。这个高度可以根据自己的拍摄需求和周围环境来确定。

（2）开始旋转上升：在无人机稳定飞行后，通过操控遥控器上的方向摇杆，使无人机开始旋转。旋转的方向可以根据需要进行选择，可以是顺时针也可以是逆时针。

（3）结合上升动作：在旋转的同时，通过将油门摇杆向上推，使无人机开始上升。这样，无

▲ 无人机旋转上升飞行示意图

人机就会在旋转的过程中同时上升。

（4）调整旋转速度和上升高度：在旋转上升的过程中，可以通过微调方向摇杆和油门摇杆来控制无人机的旋转速度和上升高度。需要注意的是，旋转速度不宜过快，上升高度也应适中，以确保飞行的稳定和安全。

（5）结束旋转上升：当无人机旋转上升到合适的高度和位置时，可以逐渐减小遥控器的操作力度，使无人机慢慢停止旋转和上升，进入稳定飞行状态。

4. 环绕飞行

（1）选择合适的环绕目标：首先，选择一个合适的环绕飞行目标，可以是一个建筑物、一个景点或者一个特定的地理位置。确保目标足够明显，并且在飞行过程中能够保持清晰可见。

（2）起飞并接近目标：将无人机起飞，并操纵它接近选定的目标。根据目标的位置和周围环境，选择一个合适的高度和距离来开始环绕飞行。

（3）开始环绕飞行：在无人机稳定飞行后，通过遥控器操控无人机开始沿着目标进行环绕飞行。可以使用方向摇杆控制无人机的飞行方向，同时利用油门摇杆控制飞行高度和速度。

（4）保持稳定的环绕轨迹：在环绕飞行的过程中，要努力保持无人机稳定的环绕轨迹。通过微调遥控器，确保无人机以平滑、均匀的速度绕目标飞行，同时注意控制好无人机的高度和倾斜角度。

（5）监视无人机状态和周围环境：在环绕飞行过程中，要时刻监视无人机的状态，包括电池电量、信号连接等；同时，也要注意观察周围环境，确保没有障碍物或其他潜在的风险。

▲ 无人机环绕飞行示意图

（6）结束环绕飞行：完成环绕飞行或需要结束飞行时，平稳地操纵无人机离开环绕轨迹，并选择一个安全的地点进行降落。

5. "S"线飞行与"8"字飞行

"S"线飞行与"8"字飞行是无人机飞行中更复杂的飞行技巧，需要操作员有较好的操控技能和判断能力。但在具体的形状、方向变化和复杂度上，两者存在明显的区别。

（1）"S"线飞行操作注意事项如下。

①起飞与初始爬升：控制油门摇杆向上，使无人机起飞并爬升至适当的高度。

②开始"S"路线：在无人机达到适当高度后，轻推俯仰摇杆向上，使无人机匀速前进。在此过程中，要确保无人机的速度适中。

③完成"S"路线：当无人机飞过中间点时，开始轻打方向摇杆，使无人机向左或向右飞行，完成"S"形状。在转弯过程中，要注意调整无人机的速度和高度，以保持稳定的飞行状态。

（2）"8"字飞行操作注意事项如下。

①起飞与准备：控制油门摇杆向上使无人机起飞，并爬升至适当的高度。

②开始"8"路线：在无人机稳定后，轻推俯仰摇杆使其前进。当无人机到达预定位置时，开始轻打方向摇杆向左或向右，使其开始画"8"的第一个半圆。

③完成"8"路线：在画完第一个半圆后，需要再次调整方向摇杆，使无人机画完整个"8"字形。在此过程中，要特别注意转弯的时机和角度，以确保"8"字飞行的连贯性和稳定性。

（3）"S"线飞行与"8"字飞行的异同如下。

●相同点：

①曲线形状：S和8的形状都是由曲线构成的。

②连续性：两者都需要流畅的连续动作来完成。

③复杂性：两者相对于直线飞行更为复杂，都需要操作员进行更多的操控。

●不同点：

①方向变化："S"线飞行主要在一个方向上进行弯曲，然后返回，类似一个来回的过程；而"8"字飞行涉及两个方向的弯曲，飞行轨迹形成一个数字8的形状。

②复杂度：从操控的角度来看，"8"字飞行比"S"线飞行更为复杂，因为它涉及两个方向的转弯和曲线飞行。

▲ 无人机"S"线飞行与"8"字飞行示意图

③对称性："8"字形状具有对称性，它的两个半圆是相等的；而"S"形状没有这种对称性。

④视觉效果："8"字形状在视觉上给人一种平衡、和谐的感觉，因为它的两个半圆相互呼应；而"S"形状则给人一种流动、弯曲的视觉效果。

6.矩形飞行

（1）设定飞行路线：在使用无人机进行矩形飞行前，首先需要通过飞行控制软件或遥控器设定无人机的飞行路线。这个路线应该是一个矩形的形状，确定好起点和终点。

（2）起飞并定位：控制无人机起飞，将其定位在矩形路线的一个角上，作为飞行的起点。

（3）开始矩形飞行：启动预设的矩形飞行路线，无人机将按照路线开始自动飞行。在飞行过程中，操作员需要监控无人机的姿态、速度和高度。

（4）调整飞行参数：在无人机沿着矩形路线飞行的过程中，操作员需要根据实际情况，通过遥控器或飞行控制软件适时调整无人机的飞行参数，如飞行速度、高度等，确保飞行过程稳定、安全。

▲ 无人机矩形飞行示意图

（5）观察与拍摄：在矩形飞行过程中，操作员需要观察无人机的飞行状态，并确保其始终保持在设定的矩形路线内。同时，根据拍摄需求，控制无人机的摄像头进行拍摄。

（6）结束飞行：当无人机完成矩形飞行并返回起点时，控制无人机平稳降落，结束飞行。

7. 后退拉升飞行

（1）定位与准备：首先，将无人机定位在合适的起飞位置，并确保周围环境安全、无障碍物；其次，根据飞行需求，调整好无人机的摄像头角度。

（2）起飞：控制无人机正常起飞，并让其稳定悬停在空中。

（3）开始后退：在无人机稳定悬停后，将遥控器上的方向摇杆向后拉，使无人机开始后退。注意保持后退速度的稳定，避免过快或过慢。

（4）结合拉升动作：在无人机后退的同时，将油门摇杆向上推，使无人机开始拉升。根据需求，可以控制无人机拉升的高度和速度。

（5）调整后退和拉升的速度：在后退拉升的过程中，根据实际情况，可以适时调整无人机的后退速度和拉升速度，以保持飞行的稳定和流畅。

▲ 无人机后退拉升飞行示意图

（6）观察与调整摄像头：在后退拉升飞行中，要时刻观察无人机的摄像头画面，确保拍摄目标始终在画面中。根据需要，可以调整摄像头的角度和焦距。

（7）结束飞行：当无人机后退到合适的位置并达到所需的拉升高度时，可以逐渐减小控制力度，使无人机稳定悬停。然后，操纵无人机平稳降落，结束飞行。

以上进阶飞行技巧都需要长时间的练习和实操才能够熟练掌握。在练习过程中，要时刻保持安全意识，注意避开障碍物并确保无人机在可视范围内。只有不断地训练技巧，我们才能够拍出更为炫酷、专业的无人机航拍作品。

2.6 无人机训练注意事项

无人机航拍不仅是一门技术，更是一门需要秉持严谨态度、树牢安全措施的艺术。为了确保飞行的安全与效果，我们需要了解无人机训练的三大注意事项。

资源链接：
无人机训练注意
事项

1. 挑选适宜场地

选择合适的飞行场地对于无人机训练至关重要。一个适宜的场地能够提供安全的飞行环境，并降低事故发生的概率。有条件的无人机操作员应该选择具备资质的无人机培训基地。这些基地通常拥有完备的设施和经过正规报备的飞行空域，能够确保无人机操作员在良好的环境中进行训练。这些基地还通常配备有专业的教练和工作人员，能够提供全方位的指导和支持。

如果没有条件前往专业的培训基地，无人机操作员可以选择郊外空旷的地域进行飞行。在选择这类场地时，需要确保场地远离建筑物、高压线、树木等障碍物，避免无人机在飞行过程中与其发生碰撞。此外，还要了解当地的飞行规定和限制，确保所选场地合法合规，避免触犯法律。

2. 接受专业指导

无论是初学者还是有一定经验的无人机操作员，接受专业指导都是提高无人机航拍技术的关键。国内有许多正规的无人机培训机构，能够提供系统、专业的培训课程。这些课程通常包括理论知识学习、模拟飞行训练和实际飞行操作等多个环节。通过参加培训课程，无人机操作员可以学习到无人机的操作技巧、航拍构图、飞行安全等方面的知识，并掌握更为全面的无人机驾驶技术。

虽然接受专业指导需要一定的时间和经济成本，但对于想要提升无人机航拍技术的无人机操作员来说，这是一项非常值得的投资。通过专业指导，无人机操作员可以更快地掌握技术要领，避免在自学过程中走弯路，提升飞行的安全性和拍摄效果。

3. 采取必要的安全措施

在无人机训练中，始终要将安全放在首位。每一次飞行训练前，必须对飞行环境进行全面的安全评估。这包括了解飞行场地的地形、气象条件、障碍物情况等信息，以及检查无人机的各项设备和电池状态。只有在确保安全的前提下，才能进行飞行训练。

在复杂的飞行环境中，如障碍、穿孔、拐角及狭窄航线等情况下，必须采取额外的安全措施，如为无人机安装防护罩，以防止碰撞造成的损坏，并确保周围人员的安全。

有条件的飞行训练场地还应设置安全网、海绵垫、充气垫等防护措施，以减轻因意外情况造成的人员伤害和设备损失。

此外，无人机操作员在飞行训练中也要时刻保持警觉，密切关注无人机的飞行状态和周围环境的变化，一旦发现任何异常情况，应立即采取相应措施，确保飞行安全。同时，要遵守当地飞行相关法律法规，确保飞行活动合法合规，避免产生法律风险。

综上所述，无人机训练需要严谨的态度和专业的技能。为了确保飞行的安全与效果，我们必须选择合适的场地、接受专业的指导，并始终采取必要的安全措施。只有这样，我们才能更好地享受无人机航拍带来的乐趣和成就感。

项目一　找找看——分辨航拍无人机各个部件的功能和作用

随着无人机技术的飞速发展，航拍无人机已经成为了摄影、影视、勘察等众多领域的重要工具。为了确保安全飞行和提升航拍效果，对无人机各个部件的功能和作用有清晰的认识至关重要。本项目将以小组为单位，通过教学活动的方式，帮助学生分辨航拍无人机各个部件的功能和作用。

● 项目目的

让学生通过实践活动，深入了解航拍无人机各个部件的功能和作用。通过亲手控制无人机，并观察不同部件在飞行过程中的运作情况，学生可以更好地理解无人机的工作原理和航拍技术，提高对无人机的掌控能力和航拍水平。

● 实践内容

（1）部件介绍与功能讲解：指导教师需要向学生详细介绍航拍无人机的各个部件，包括机架、电机、螺旋桨、电池、摄像头等。对于每个部件，教师需要解释其功能、作用及在飞行中的重要性。

（2）无人机拆解与组装：学生在指导教师的示范下，亲手拆解和组装无人机。通过实际操作，学生将更深入地了解各个部件的构造和连接方式。·

（3）部件功能验证：组装完成后，学生将进行一系列飞行实验，以验证各个部件的功能和作用。例如，可以调整摄像头的角度和参数，观察不同设置下拍摄画面的变化；或者调整电机的转速，观察无人机飞行姿态的改变。

（4）团队讨论与总结：在实践活动结束后，学生将以小组为单位进行讨论和总结。可以分享自己在实践中的观察和体验，探讨不同部件在航拍中的最佳应用方式，并互相解答疑问。

● **项目要求**

（1）安全意识：在整个项目中，学生需要时刻保持安全意识。在飞行实验中，要确保无人机在安全的飞行环境下进行操作，并遵守相关的飞行规定和安全准则。

（2）细心观察与记录：学生需要仔细观察无人机各个部件在飞行过程中的运转情况，并记录相关数据和观察结果。这将有助于更好地理解各部件的功能和作用，并为后续讨论和总结提供有力支持。

（3）团队协作与交流：项目强调团队协作的重要性。学生需要在小组内充分交流和分享经验，共同完成实践任务。通过团队合作，可以相互学习、相互促进，提升整体的学习效果。

（4）总结与反思：项目结束后，学生需要提交一份个人总结和小组报告。在个人总结中，需要回顾自己在项目中的学习成果、遇到的挑战及解决办法。在小组报告中，需要汇总小组的观察结果、讨论情况和建议，为今后的学习和实践提供参考和改进方向。

通过本项目的学习与实践，学生将更全面地了解航拍无人机各个部件的功能和作用，提高操作技巧，增强安全意识，这将为在航拍领域的进一步发展和应用奠定坚实基础。

项目二　初步上手简单的飞行操作

在无人机航拍领域，飞行操作是最为基础的技能。对于初学者而言，掌握简单的飞行操作不仅是迈向高级技巧的第一步，也是确保飞行安全的基础。本项目将以小组为单位，通过系统的教学活动，引导学生初步上手简单的飞行操作，为他们在航拍领域的进一步发展打下坚实基础。

● **预备知识**

在参与本项目之前，学生应掌握无人机的基本概念和构造的知识，了解无人机的飞行原理和基本控制方式。此外，还应该熟悉无人机的操作界面和基本的飞行术语，如起飞、降落、悬停、前进、后退、左转、右转等。对于无人机飞行中的安全规范和注意事项，学生也应有所了解。

（1）起飞：无人机从地面开始升空的过程。

（2）降落：无人机从空中降低高度，最终着陆在地面上的过程。

（3）悬停：无人机在空中保持位置不变，不升不降的状态。这是无人机进行航拍时的常见状态，以便稳定拍摄。

（4）前进：无人机向前飞行。无人机操作员通常会向前推动遥控器上的操纵杆来使无人机向前飞行。

（5）后退：无人机向后退行。无人机操作员通常会向后拉遥控器上的操纵杆来使无人机向后退行。

（6）左转：无人机向左侧飞行。无人机操作员通常会向左侧推动遥控器上的操纵杆来使无人机向左侧飞行。

（7）右转：无人机向右侧飞行。无人机操作员通常会向右侧推动遥控器上的操纵杆来使无人机向右侧飞行。

● 项目目的

让学生通过实践活动，初步掌握无人机的简单飞行操作技巧。通过实际的操作练习和模拟飞行，学生将熟悉基本的飞行控制，增强对无人机飞行的感知和操作能力，为日后学习更高级的航拍技巧打下基础。同时，本项目也将强调飞行安全的重要性，帮助学生树立安全意识，确保飞行活动的安全可控。

● 实践内容

（1）理论学习：首先，学生将参与理论学习环节，通过《航拍无人机使用手册》、PPT、视频等教学资源，深入学习无人机的基本飞行原理和操作技巧。了解飞行控制器、遥控器、传感器等核心部件的工作原理，以及它们是如何协同工作实现无人机的稳定飞行的。

（2）模拟飞行练习：在理论学习的基础上，学生将使用模拟飞行软件进行练习。模拟飞行软件可以提供逼真的飞行环境和物理模型，帮助学生熟悉遥控器的操作、练习基本的飞行动作，并体验不同飞行条件下的操控感受。

（3）实际飞行操作：在模拟飞行练习后，学生将在安全场地进行实际的无人机飞行操作。在指导教师的带领下，进行起飞、降落、悬停、前进、后退、转向等基本飞行动作的练习。在实际操作中，学生需要注重观察无人机的姿态、高度和周围环境，通过不断调整遥控器，实现对无人机的稳定控制。

● 项目要求

（1）安全至上：在整个项目中，学生必须始终把安全放在首位，要遵守飞行场地的规定，确保无人机在视线范围内飞行，并随时注意周围环境的变化，避免碰撞和意外情况的发生。

（2）规范操作：在操作无人机时，学生要注意规范飞行姿势和遥控器的操作方式，应该保持稳定的姿势，用双手操控遥控器，轻推摇杆，平滑地控制无人机的飞行；同时，要时刻关注无人机的状态指示，确保无人机各部件的情况正常。

（3）勤于练习：飞行技巧是通过不断练习来提高的。学生要积极参与项目中的练习活动，多次尝试并反复练习各个基本飞行动作。通过不断实践，逐渐熟练掌握无人机的飞行技巧，提升操作的稳定性和准确性。

（4）反思与总结：在项目结束后，学生需要进行反思和总结。可以回顾自己在飞行操作中的表现，找出存在的问题和不足，并提出改进的措施；同时，也可以分享自己在项目中的经验和收获，与小组成员互相交流和学习。

通过本项目的学习与实践，学生将初步掌握无人机的简单飞行操作技巧，培养安全意识和规范操作的习惯。为今后在航拍领域的发展奠定坚实基础，并助力学生在无人机应用中展现更强的创造力和更大的成就。

🔍 问题与思考

1. 简述航拍无人机的一般操作流程。

2. 天气对室外飞行有哪些影响？如何规避炸机风险？

3. 室内飞行存在哪些不稳定因素？

4. 遥控器在航拍无人机操作中起什么作用？

基于问题与思考的微课视频（参考）

航拍无人机的一般操作流程	天气对室外飞行有哪些影响	室内飞行存在哪些不稳定因素	遥控器在航拍无人机操作中的作用

技术
基础
术
篇

03

学习单元3　镜头里的世界——航拍画面构图

学习单元导引

—— 学习目标

知识目标

1	理解航拍画面构图的特点及要求
2	掌握航拍画面构图的元素及结构
3	熟悉不同航拍画面构图形态及其运用
4	了解航拍画面构图的一般规律和技巧

能力目标

1	能够根据航拍画面构图的要求进行创作
2	能区分和运用不同的构图元素和结构
3	能够灵活使用不同的构图形态和技巧

素养目标

1	培养审美能力和艺术创造能力
2	明确学习目标，提高学习效率
3	增强对画面构图的敏感度和把握力
4	建立团队意识，提高团队协作能力

—— 训练项目

1	分析不同航拍画面构图的特点和要求
2	运用不同的构图元素和结构进行创作
3	实践不同的航拍画面构图形态和技巧

—— 单元结构

3.1	航拍画面构图的特点及要求
3.2	航拍画面构图的元素及结构
3.3	航拍画面构图的形态
3.4	航拍画面构图的一般规律
3.5	构图技巧的运用

正如电视画面是电视节目的基本单位、体现了摄影成果一样，航拍画面构图是无人机航拍作品成功与否的关键所在。它不仅关系到屏幕效果，更直接影响到观众的视觉体验和信息接收情况。

画面构图是航拍过程中的重要环节，它要求摄影师具备强大的造型能力和敏锐的审美意识，是检验航拍技术人员业务水平的重要标志之一。本单元将帮助我们理解和掌握航拍画面构图的特点及要求，如宽阔感、均衡感、突出主体、深度感及流畅性等。

3.1 航拍画面构图的特点及要求

航拍画面构图的特点包括宽阔感、均衡感、突出主体、深度感和流畅性，这也成为对航拍摄影师在画面构图方面的几点要求。

资源链接：
航拍画面构图的
特点及要求

3.1.1 宽阔感

提到航拍，人们首先想到的往往是宽广的视野——从天际到地面，从高楼大厦到田野河流，一切景象都尽收眼底。为了展现这种宽阔感，摄影师在构图时需确保画面中的元素布局不过于集中。三分法、黄金分割法等都是实现这一目标的常用方法。通过这些方法，画面的主体被放置在交叉点或线条上，进而呈现出一个视野更为开阔的画面。

▲ 开阔的视野——广阔的天空及水面的倒影占整幅画面的2/3

对比手法也可以用来凸显宽阔感。例如，同时摄入近处的建筑物和远处的山脉，利用近大远小的视觉原理，能够为画面带来更强的深度，强调空间的广阔。

3.1.2 均衡感

由于航拍的视角较高，构图的均衡感显得尤为关键。缺乏均衡感的航拍画面会给人一种不稳定、失衡的感觉。为了实现画面的均衡，摄影师需要确保各种元素在画面中被平衡分布。这不仅指的是左右对称，还包括上下、前后的平衡。例如，在城市风光的拍摄中，高耸的楼宇和地面的街道、公园等元素需要找到一个和谐的平衡点。

3.1.3　突出主体

在任何摄影中，主体都是构图的核心，航拍也不例外。山峰、建筑、河流或特定地形都可以是航拍的主体。为了确保主体的突出，飞行的高度、角度及光线的选择都需要仔细考虑。此外，利用色彩、明暗、大小的对比手法，也能使主体更为显眼，从背景中脱颖而出。

▲　聚焦于矗立在云雾之中的大厦顶部，突出主体

3.1.4　深度感

航拍的宽广视角有时也会带来一些问题，其中之一就是画面可能显得过于平面，缺乏深度。为了增强深度感，需要精心设计画面中的前景、中景和背景。例如，在近处放置一些树木或建筑作为前景，以一条河流或道路作为中景，而远处的山脉或天空则作为背景。这样的设计可以使画面更具层次感和立体感。

▲　背景虚化的连绵雪山，聚焦于前景的岩石，突出深度感

光线和阴影的应用也是增加画面深度感的关键。选择侧光或逆光拍摄，可以产生明显的阴影效果，进而凸显物体的三维形状，为画面带来更多的深度信息。

3.1.5　流畅性

除了上述提到的特点外，流畅性也是航拍构图中不可忽视的一点。流畅的画面能够给观众带来和谐、自然的观感体验。要实现流畅性，画面中的元素布局和线条流动都需要显得非常自然。摄影师可以跟随地形、河流等自然的线条进行构图，从而使画面呈现出一种和谐的流动感。

▲　舒缓流淌的河水消失于窄窄的天际边，突出画面的流畅性

总的来说，航拍画面构图是一个真正挑战摄影师构图技巧和审美观念的艺术形式。但是，只要掌握了这些特点和要求，并结合实际的拍摄环境和创作意图，摄影师就有望创作出那些真正令人叹为观止的航拍作品。每一个航拍画面，都是摄影师与天空、大地的一次深情对话，也是他们为观众呈现的一个全新的、美妙的视觉世界。

3.2　航拍画面构图的元素及结构

当我们谈及航拍画面的构图，我们实际上是在讨论如何通过各种元素和结构，构建一个视觉上引人入胜、情感上深沉丰富的画面。这些元素和结构是航拍作品的基础，它们共同为画面的视觉效果和情感表达做出贡献。

资源链接：
航拍画面构图的元素及结构

3.2.1　光线

光线在摄影中被誉为"画师的画笔"。在航拍中，光线的效果尤为突出。不仅仅是明与暗的交界，光线的方向、色温、强度都影响到画面的情感表达。想象一下，傍晚金色的阳光洒在大地上，画面充满了温馨与浪漫；而与之对比，烈日当空，画面则显得明亮且充满力量。光线能够为画面带来立体感、质感，强调或柔化某些细节，为画面赋予生命。

▲　处于黄金一小时（日出日落时分）的大厦群，突出光线对天际线的刻画

3.2.2　色彩

色彩是情感的载体。在航拍中，大自然的色彩为摄影师提供了丰富的调色盘。暖色调如红、橙传达了活力与热情；而冷色调如蓝、紫则给人宁静、深沉的感觉。大自然的季节变化、气候现象及人造建筑的色彩，都为航拍摄影师提供了无尽的创作灵感。对色彩的敏锐捕捉和巧妙运用，可以使航拍作品情感饱满，触动人心。

▲　俯瞰的树林像是彩色铅笔的上色，又像是水彩的点点晕染

3.2.3　影调

影调犹如音乐的节奏，决定了画面的氛围和情感基调。高对比的影调给人一种紧张、充满活力的感觉，而低对比则显得柔和、宁静。通过对曝光、对比度等的精确掌控，摄影师可以为画面

▲　似鲁迅笔下的《社戏》，又有十足的现代感

定制独特的影调，进一步强调或隐藏某些细节，引导观众的情感走向。

3.2.4　线条

在航拍画面中，线条是引导观众视线的关键。无论是大地的裂痕、蜿蜒的河流，还是城市的道路、建筑的轮廓，线条都为画面提供了结构和层次感。不同的线条给人带来不同的感受：直线显得刚毅、有力；曲线则显得流畅、优雅。线条的运用，能够为航拍画面添加深度和立体感，使画面更具观赏性。

▲　点、线、面皆有的茶园，一道道、一行行青翠欲滴的茶树构成了基本线条

总而言之，光线、色彩、影调和线条不仅是航拍构图的四大元素，更是摄影师情感表达的工具。每一位航拍摄影师，在航拍中都在与这些元素进行亲密的对话，尝试通过它们讲述自己的故事、传递自己的情感。而当我们深入理解和掌握这些元素的特点和运用技巧时，我们距离创作出令人震撼、深入人心的航拍作品也就更近了一步。

3.3　航拍画面构图的形态

在航拍摄影的艺术领域中，画面构图形态扮演了至关重要的角色。它不仅是摄影师与所见景象之间的桥梁，更是情感与观念传达的媒介。下面，分别介绍静态构图、动态构图与综合构图这3种主要的航拍画面构图形态。

资源链接：
航拍画面构图的
形态

3.3.1　静态构图

静态构图，顾名思义，着重于展现画面的稳定性与平衡。它是对称的、和谐的，给人一种稳重、大气的视觉感受。在这种构图中，每一个元素都被放置在其应当存在的位置，无论是基于三分法、黄金分割法还是其他构图规则，都是为了

▲　无限风光在险峰，白色汽车停在悬崖之前，"奇""险"组成了"看"与"被看"

营造出一个视觉上的平衡。静态构图就像是一幅画，每一个部分都与整体相得益彰，既有美感又有深度。想象一个画面，广袤的田野被夕阳染得金黄，一座小屋坐落在地平线的正中，四周环绕的树木与天空形成了完美的对称。这就是静态构图带给我们的感受——和谐、稳定且充满美感。

3.3.2　动态构图

与静态构图相对，动态构图追求的是动感与活力。这种构图形态中充满了动态元素，斜线、强烈的明暗对比等都成为表现动感的工具。城市中的车水马龙、大自然中的流水和飘逸的云彩都是动态构图的绝佳素材。

▲　不同的路、不同的方向，总是那么匆匆

要实现一个真正的动态构图，仅仅捕捉动态元素是不够的，摄影师还需要通过各种手段，如明暗调整、对比度增强等后期处理，来强调这些元素的动感。这样的画面往往能够给观众带来强烈的视觉冲击，仿佛能让人感受到画面的脉搏与心跳。

3.3.3　综合构图

综合构图是静态与动态之间的完美融合。它既有静态构图的稳重与和谐，又不失动态构图的活力与冲击。在这种构图中，静态元素提供了画面的骨架，而动态元素则为画面注入了生命与灵魂。

▲　动与静、虚与实、冷与暖，俯视的市井一幕

一个典型的综合构图的例子是拍摄一座繁忙的城市。高楼大厦等静态的建筑构成了画面的基础结构，而穿梭的车流、人流则为画面增添了动感。通过巧妙的构图和后期处理，这座城市既显得稳重、有力，又充满了活力与激情。

总的来说，航拍画面构图的3种形态为摄影师提供了丰富的选择。面对同一个拍摄对象，采取不同的构图形态会呈现出完全不同的视觉效果。选择哪种形态取决于摄影师的创作意图和观众的期望。无论如何，对于航拍这门艺术来说，构图形态都是其核心与灵魂，值得每一位摄影师深入研究与探索。

3.4 航拍画面构图的一般规律

资源链接：
航拍画面构图的
一般规律

在航拍中，构图是艺术与技术的结合，它既要遵循一定的视觉规律，又要能够传达摄影师的独特视角和情感。

3.4.1 均衡的规律

均衡，是构图的基本原则。在航拍中，实现画面的均衡意味着摄影师要合理地安排各种元素，使得画面呈现出稳定、和谐的视觉效果。均衡可细分为水平均衡、垂直均衡和对称均衡3种。

1. 水平均衡

水平均衡是最为常见的构图方式。在航拍时，可以通过将天际线、水平线等置于画面的三分之一或三分之二的位置，来实现水平方向上的均衡。

2. 垂直均衡

垂直均衡则强调上下关系的平衡。例如，拍摄高楼大厦时，确保建筑物从底部到顶部的完整呈现，可以营造垂直方向上的稳定感。

3. 对称均衡

某些场景自身就具备对称性，如古代的建筑群、城市的网格状道路等。在这些场景中，利用航拍捕捉其对称特点，可以得到极具视觉冲击力的画面。

▲ 天际线将画面一分为二，水平的均衡既对立又统一

▲ 画面中顶天立地的高层建筑群，强化了垂直的均衡

▲ 夜幕中一道道对称的线条，组成了璀璨的立交桥

3.4.2 视觉重量的规律

视觉重量是指画面元素在观众视觉心理上产生的重量感。某些元素，如明亮的色彩、清晰的轮廓、大的物体等，会给人以重的视觉感受。视觉重量又可细分为色彩视觉重量、形状视觉重量和方向视觉重量。

1. 色彩视觉重量

明亮的色彩往往比暗调色彩更具视觉冲击力。因此，合理安排色彩分布，可以调整画面的视觉平衡。

2. 形状视觉重量

大而清晰的物体比小而模糊的物体更具视觉重量。在构图时，要考虑不同形状物体之间的视觉关系。

3. 方向视觉重量

画面中元素的朝向也会影响视觉重量，朝向画面中心的元素会产生一种向内的聚焦感，增加视觉重量。

总的来说，航拍画面构图的一般规律是摄影师在创作过程中应该遵循的基本指导。然而，这些规律并不是刻板不变的铁律，而是可以根据实际情况和创作意图进行灵活调整的。掌握这些规律后，摄影师可以更加自信地面对各种拍摄场景，运用自己的创意和技术，打造出独具魅力和个性的航拍作品。

▲ 自然形成的图案，好似妙手偶得的花束

▲ 有淡有浓、有轻有重，恰似一方宣纸上晕开的墨迹

▲ 雁行影没暮天阔，苹叶香残秋水寒

资源链接：
构图技巧的运用

3.5 构图技巧的运用

航拍摄影为摄影师提供了一个独特且广阔的视角，使摄影师能够捕捉到平日里难以触及的场景。为了充分展现航拍的魅力，运用恰当的构图技巧显得尤为重要。每一种构图技巧都有其独特的表现力和适用范围，它们共同构建了航拍摄影丰富多彩的世界。

3.5.1 主体构图及其应用

主体构图是航拍中的基础技巧，能够使观众的目光

▲ 俯拍雕塑，干净利落地凸显主体构图的独特气质

首先被画面中的核心元素所吸引。在广阔的天地中，无人机的高度和角度调整成为凸显主体的关键。例如，为了凸显一座雕塑的独特气质，可以将无人机拉高至雕塑上方，从上而下进行拍摄，使得雕塑在画面中占据显要位置，进而充分表现其雄伟。

前景构图的加入为画面注入了层次感和深度。那些与远处背景形成强烈对比的近处元素，如林间的树木、村落的房屋，都为画面增添了丰富的立体感。不仅如此，这些前景元素还起到了视线引导的作用，将观众的视线引向画面的深处。

▲ 前景的花草体现了"一山有四季，十里不同天"。从山脚到山顶的海拔高度差造就了由温带到极地的壮丽垂直景观

3.5.2 三分构图的平衡之美

三分构图带给画面的是一种和谐的平衡。无论是横向还是纵向，三分构图都将画面等分为三份，为主体提供了一个稳定的背景环境。当主体位于这些分割线或交叉点上时，画面自然展现出一种平稳且和谐的氛围。

▲ 三分构图又称为井字格构图或九宫格构图，挑担人位于交叉点之上

3.5.3 对称构图的稳重感

对称是自然界中常见的一种形态，如人的面孔、蝴蝶的翅膀等。在航拍中，利用对称构图可以带来稳重、庄重的感觉。但过分追求对称可能会导致画面显得呆板，因此，微小的破绽或不对称之处，恰恰能使画面更为生动和真实。

▲ 公园中的景观湖像是有着华丽尾羽的神鸟，点缀了绿色景观公园的中轴

3.5.4 对角线构图与动感的展现

对角线构图为画面注入了动感和张力。那些自然的对角线元素，如蜿蜒的河流、延伸的道路，都为画面带来了活力和节奏。这种构图方式非常适合于捕捉城市的动态和活力。

▲ 鸟瞰夜幕下的火车站。停泊的高速动车，蔓延的轨道编组，横亘在画面对角线上

3.5.5 曲线构图的柔和韵律

与对角线构图相比，曲线构图展现的是一种柔和、流畅的美。那些大自然的曲线元素，如起伏的山脉、蜿蜒的海岸线，都为画面加入了优美的韵律。这种构图方式非常适合于展现大自然的静谧与和谐。

3.5.6 框架构图与层次感

框架构图为画面增加了深度和立体感。利用前景中的框架元素，如树枝、建筑门窗，将主体框在其中，仿佛是在为观众呈现一幅画中画的效果。这种构图方式带给观众一种身临其境的感受。

3.5.7 横幅与竖幅全景构图的选择

横幅全景构图更适合于展现宽广、辽阔的场景，如广袤的平原、连绵的山脉；而竖幅全景构图则更适合于表现高度和纵深感，如高耸的摩天大楼、直插云霄的山峰。选择哪种构图方式取决于摄影师想要传达的信息和情感。

▲ 湖边绿地像是一个问号，又像是一个感叹号。找找那个"点"在哪里

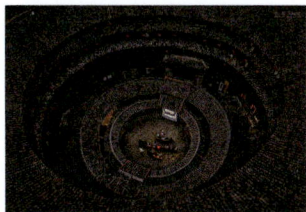

▲ 一圈圈客家土楼的屋檐，环抱中心的小广场，人们在观看节目，体现"大家"和"小家"和谐共处的关系

▲ 宽广的横幅全景。金色阳光照耀着一块块不规则的水田，劳作的人们在水田的倒映之上

▲ 有趣的竖幅全景。4位旅人利用结冰的湖面摆出妙趣横生的情境

▲ 具有纵深感的竖幅全景。丹霞地貌中曲径通幽，"之"字形的公路向远处延伸

▲ 有韵律的横幅全景。海边盐场特有的场景，盐卤在工人们的驱赶下形成独特而有韵律的波纹

总之，航拍摄影为摄影师提供了丰富的构图选择。熟悉并掌握上述构图技巧，不仅能够帮助摄影师在拍摄时更加得心应手，还能使作品更加生动有趣、引人入胜。对于航拍这门艺术来说，构图是灵魂，是情感的传递工具，是值得每一位摄影师深入研究和探索的关键所在。

项目　抽签试拍3种不同构图——航拍构图实践教学活动设计

● 项目目的

使学生深入理解和掌握航拍构图的基本技巧和原则；通过实际操作，提高学生的航拍摄影技术和创作能力；培养学生的团队合作和实际操作能力，提高学生解决问题的能力。

● 实践内容

（1）理论复习：组织学生对航拍构图的基本技巧进行简短的复习，包括主体构图、前景构图、三分构图等，确保学生对这些构图技巧有清晰的认识。

（2）抽签分组：将学生分为若干小组，每个小组通过抽签的方式选定一种构图技巧作为本次实践的内容。

（3）实地勘察：鼓励各小组到选定的拍摄地点进行实地勘察，根据所选的构图技巧，确定合适的无人机和摄影设备。

（4）试拍实践：各小组根据所选构图技巧进行航拍实践。在实践过程中，要求学生不仅要运用所选构图技巧，还需注意光线、色彩等元素的处理和运用。

（5）成果展示：各小组完成试拍后，将作品进行展示，并对实践过程中遇到的问题和解决方法进行分享。

（6）总结与反思：项目结束后，组织学生进行总结，对比各自的作品，找出优点和不足，并提出改进意见。

● 项目要求

（1）团队协作：要求学生在项目执行过程中充分发挥团队协作精神，共同策划、共同实施。

（2）安全第一：在实践过程中，务必确保无人机和摄影设备的安全操作，避免发生意外。

（3）注重创新：鼓励学生在构图实践中大胆创新，尝试不同的角度、高度和元素的组合。

（4）反思与改进：要求学生在项目结束后进行深刻的反思，找出自己的不足，并提出具体的改进措施。

（5）尊重自然与风俗习惯：在实践过程中，应遵守环境保护原则，不破坏自然环境，并尊重当地的风俗习惯。

● 项目扩展与建议

（1）举办小型比赛：为了增加项目的趣味性和竞争性，可以在各小组之间举办一个小型的航拍作品比赛，设立专业评委团进行评分，并为优胜者设立奖励。

（2）邀请专家点评：为了提高学生的学习效果和实践经验，可以邀请航拍领域的专家对各小组的作品进行点评和指导。

（3）构图挑战：在未来的实践活动中，可以设定更具体的构图挑战，如"只用前景构图拍摄城市风光"或"利用对角线构图拍摄河流"。

（4）设备使用培训：针对学生对航拍设备的掌握程度，可以事先安排一些培训课程，确保学生充分了解和掌握设备的功能和操作技巧。

通过本项目的设计和实施，学生能更好地理解和掌握航拍构图的技巧，提高摄影技术和艺术修养，同时提升团队合作和解决问题的能力。航拍摄影不仅是一门技术，更是一门艺术，希望每一位学生都能在实践中找到属于自己的创作风格和视角。

⚙ 问题与思考

1. 航拍画面构图中的"宽阔感"和"深度感"如何通过构图元素和结构来实现？

2. 在航拍画面构图中，如何运用光线和色彩来突出主体并营造均衡感？

3. 比较静态构图、动态构图和综合构图的异同，并举例说明它们在航拍中的应用。

4. 如何运用视觉重量的规律来平衡航拍画面？

5. 分析3种不同构图的优缺点，以及在实际拍摄中如何灵活运用这些构图技巧？

基于问题与思考的微课视频（参考）

航拍画面构图如何实现	航拍如何营造均衡感	航拍中如何选择构图元素	如何运用视觉重量规律平衡航拍画面	3种构图的优缺点分析

04

学习单元4　流动的画面——航拍固定镜头与运动镜头

学习单元导引

—— 学习目标

知识目标

1　了解航拍固定镜头与运动镜头的特点和拍摄技巧

2　掌握如何利用固定镜头和运动镜头增强画面的动感和视觉冲击力

3　理解镜头组接的内在连贯性及如何通过运动镜头展现壮阔气势

能力目标

1　能够运用固定镜头捕捉有活力的画面

2　能够使用运动镜头拍摄出具有视觉冲击力的画面

3　能够熟练进行镜头组接，使画面具有内在连贯性

素养目标

1　培养审美能力和艺术创造能力

2　明确学习目标，提高学习效率

3　增强对航拍画面的控制力和创造力

4　建立团队意识，提高团队协作能力

—— 训练项目

1　实践固定镜头和运动镜头的拍摄技巧

2　创作一段包含固定镜头和运动镜头的航拍视频

—— 单元结构

4.1　固定镜头的拍摄

4.2　运动镜头的拍摄

4.3　综合运动镜头的拍摄

利用摄像机的固定摄像和运动摄像，能够让景物生动起来，让运动的物体更加富有动感。专业技能的提升需要时间和经验的积累。只有通过不断学习和实践，我们才能逐渐提高对镜头的理解，从而最终将这些知识运用到实际的航拍创作中。

下面，我们将首先从"稳"字当头的固定镜头开始，探讨如何在看似静止的画面中捕捉动感，增强画面活力，并关注纵深方向的表现及镜头组接的内在连贯性。接着，我们将深入探讨运动镜头的拍摄，包括推、拉、摇、移、跟等技巧，让我们的航拍镜头画面像影视画面一样流畅和富有表现力。

4.1 固定镜头的拍摄

在航拍摄影的广阔天地中，固定镜头与运动镜头是两大核心技巧。它们为摄影师提供了不同的视角和表达方式，使得航拍作品更加丰富多元。固定镜头作为航拍的基础技术，有着其独特的魅力和技巧要求。

资源链接：
固定镜头的拍摄

4.1.1 "稳"字当头

稳定，是航拍固定镜头的灵魂。每一次飞行，都是为了捕捉最美的瞬间。而为了这一瞬间，无人机和摄像机的稳定就显得尤为关键。稳定的飞行不仅对设备本身的性能有一定要求，更考验摄影师的飞行技巧和对环境的敏感度。

对于无人机的选择，稳定性是首要的考虑因素。而在飞行过程中，摄影师需要根据风的方向、风的大小进行微妙的调整，确保无人机

▲ 镜头不稳与稳的画面对比

和摄像机始终保持稳定。GPS定位、悬停功能的合理利用，也为拍摄提供了有力的技术支持，确保每一次拍摄都能得到清晰的画面。

4.1.2 捕捉动感，增强画面活力

稳定并不等于静止。固定镜头中，动与静的对比是其魅力所在。通过对角线构图、曲线构图等技巧的运用，静态的画面中也能展现出强烈的动感。例如，城市中的车水马

龙、大自然中的流水白云，都可以成为增强画面活力的元素。

光影和色彩，也是增强画面活力的重要手段。日出日落的柔和光线、蓝天白云的清新色彩，都可以为固定镜头增添无尽的魅力。

4.1.3　关注纵深方向的表现

航拍的视角，为我们打开了一个全新的世界，这个世界不仅有宽广的横向视野，更有深远的纵向景深。在拍摄固定镜头时，对纵深方向的表现可以为画面带来更强的层次感和立体感。

纵深的表现，需要摄影师对空间有深入的感知。哪些元素在前、哪些元素在后，如何运用光线和阴影来强化这种纵深感，都需要摄影师有清晰的思考和规划。

4.1.4　镜头组接的内在连贯性

单一的固定镜头，可以捕捉刹那间的美丽。但多个固定镜头组合在一起，就能够讲述一个完整的故事。镜头的组接，就像是编织一条美丽的珍珠项链，每一颗珍珠都有其独特的光彩，但当它们串在一起时，更能展现出无尽的魅力。

要实现镜头之间的内在连贯性，摄影师需要有明确的创作思路和叙事结构。每

▲　前后镜头组接不连贯，给人以画面跳跃的感觉

一个镜头，都是为了整体作品的主题服务。而在剪辑过程中，如何让镜头间平滑过渡、如何选择合适的配乐，都是营造作品氛围的关键。

航拍固定镜头的拍摄，不仅是技术的体现，更是摄影师对世界的理解和感知。它需要摄影师在稳定与动感、纵深与平面之间寻找平衡，创作出既具有技术含量，又富有艺术魅力的作品。

4.2　运动镜头的拍摄

运动镜头（简称运镜），顾名思义是在飞行过程中通过移动摄像机来拍摄不同的视角和效果。它赋予了航拍作品更多的动态感和生命力，

资源链接：
运动镜头的拍摄

使得画面更加生动多彩。接下来，我们将深入探讨航拍运动镜头的各个方面，以期帮助摄影师更好地应用这一技术，创作出令人惊叹的佳作。

4.2.1 航拍推镜头：发掘细节之美

推镜头是航拍中最基础也最常见的拍摄手法之一。通过逐渐推进被摄主体，摄影师可以精准地展现细节，突出表现主体的特征和美感。在建筑摄影中，推镜头可以突出建筑物的纹理、构造和设计元素，让观众更好地欣赏到建筑的细节之美。而在风景摄影中，推镜头则可以逐渐呈现出壮观的自然景色，使观众仿佛置身其中，感受到大自然的力量与魅力。

▲ 推镜头

4.2.2 航拍拉镜头：展现壮阔气势

与推镜头相反，拉镜头则是通过逐渐远离被摄主体来展现出更广阔的场景。这种手法适用于拍摄辽阔的自然风光、城市全景等。通过拉镜头，摄影师可以将更多的元素融入画面，营造出宏大的视觉效果。观众在观看这类作品时，仿佛能够感受到画面的广阔和深远，沉浸在摄影师所营造的视觉世界中。

▲ 拉镜头

4.2.3 航拍摇镜头：全景呈现，一览无余

摇镜头为航拍带来了全方位的视角。通过调整摄像机的角度和方向，摄影师可以轻松拍摄到360°的全景画面。这种拍摄手法非常适用于展现大型活动、体育赛事、群体活动场景等。摇镜头的流畅旋转能够让观众在短时间内快速浏览整个场景，捕捉到更多的精彩瞬间和细节。

▲ 摇镜头

4.2.4 航拍移镜头：注入动感与活力

移镜头是航拍中最具动感和活力的拍摄手法之一。通过移动摄像机，被摄对象在画

面中呈现出连续的位置变化，给观众带来强烈的视觉冲击。移镜头适用于捕捉快速运动的物体和场景，如飞驰的汽车、奔腾的河流等。这种手法能够凸显画面的动态元素，为作品注入活力和激情，吸引观众的眼球。

▲ 移镜头

4.2.5 航拍跟镜头：共历精彩时刻

跟镜头是一种极具沉浸感的航拍手法。通过紧密跟随运动的主体，摄像机能够实时记录下每一个精彩瞬间。这种拍摄手法适用于记录运动比赛、演唱会、户外探险等活动。跟镜头能够让观众身临其境，仿佛与被摄对象一同经历着每一个激动人心的时刻，为观众带来更真实、更亲近的视觉体验。

要掌握航拍运动镜头的拍摄技巧，不能一蹴而就。摄影师只有积累了丰富的经验，培养了敏锐的洞察力，才能准确捕捉到那些生动多彩的画面。然而，一旦掌握了这些技巧，摄影师就能够将个人的创意发挥到极致，创作出更富生动感、更具视觉冲击力的作品。希望每一位航拍摄影师都能在不断实践和探索中，找到属于自己独特的创作方式和风格，拍摄出更多精彩动人的瞬间。

▲ 跟镜头

4.3 综合运动镜头的拍摄

在航拍摄影中，固定镜头为观众提供了稳定的视觉体验，而运动镜头则为画面注入了动态与活力。这两者结合，我们称之为综合运动镜头。这种拍摄手法兼具稳定与动感，能为观众带来更加丰富和富有吸引力的视觉盛宴。

资源链接：
综合运动镜头的
拍摄

4.3.1 综合运动镜头的魅力

想象一下，一个航拍无人机在天空中飞翔，时而稳稳地停在一个点，捕捉下方的静态美景；时而快速移动，跟随一辆飞速行驶的汽车或在森林中穿梭的小鹿。这样的画

面，是不是比单纯的固定镜头或运动镜头更有层次、更丰富？

综合运动镜头结合了稳定与动态，既可以呈现大范围的场景，又可以突出细节。它给予了摄影师更多的创作空间，也赋予了观众更为多样的视觉体验。

4.3.2　拍摄技巧与策略

选择适合的无人机和拍摄设备：为了实现流畅的综合运动镜头，首先需要一个稳定且灵活的无人机。一些高端航拍无人机具备出色的稳定性和敏捷性，非常适合此类拍摄。

预设路径与自动跟踪：为了获得最佳的拍摄效果，很多摄影师会选择预设飞行路径或使用自动跟踪功能。例如，预先设定好无人机从一个点飞到另一个点的路径，然后在路径上的某些点设置固定镜头拍摄，而在其他点则设置运动镜头拍摄。

结合环境与元素：综合运动镜头的魅力在于它可以结合环境和各种元素。例如，在拍摄城市风光时，航拍无人机可以在高楼大厦间快速穿梭，然后稳稳地停在某个楼顶，拍摄下方的城市景色。

光影与色彩的运用：无论是固定镜头还是运动镜头，光影和色彩都是不可或缺的元素。在综合运动镜头的拍摄中，可以利用日出或日落的柔和光线为固定镜头增添温暖色调，而在运动镜头中捕捉光影的快速变化。

音乐的配合：在呈现综合运动镜头的作品时，合适的背景音乐能够大大增强画面的感染力。选择那些与画面节奏相匹配的音乐，可以让观众更加沉浸其中。

4.3.3　实践与探索

航拍摄影是一个需要不断实践和探索的领域。对于综合运动镜头的拍摄，更是如此。初次尝试时，可能会遇到飞行不稳定、拍摄效果不佳等问题。但只要通过反复练习和尝试，就能逐渐掌握这种拍摄方式的精髓。

此外，摄影师也应该不断地寻求创新。例如，尝试不同的飞行路径、结合新的拍摄元素、运用独特的光影效果等，都可以为综合运动镜头的拍摄带来更多的可能性。

总之，综合运动镜头的拍摄是航拍摄影中的高级技巧。它要求摄影师既具备熟练的无人机驾驶技巧，又拥有敏锐的洞察力，能够捕捉到动态中的美丽瞬间。但只要掌握了这种技巧，摄影师就能够创作出令人惊叹的航拍作品，为观众带来前所未有的视觉体验。

项目一　拍摄制作《去食堂的路上》

● 预备知识

进行本航拍项目之前，请先参考以下脚本（见表 4-1）。

表 4-1　《去食堂的路上》校园航拍分镜头脚本参考

镜号	景别	镜头运用	分镜头画面	内容描述	音乐音响	时间/秒
1	远	推镜头	校园上空	从高空推近，展现整个校园，凸显出食堂的位置	轻松的背景音乐开始	5
2	远	移镜头	学生公寓与食堂间	从学生公寓移向食堂，展示学生们从公寓出发的情景	背景音乐持续	7
3	中	跟镜头	小路上的学生群	跟随学生们走在小路上，呈现他们的日常对话和互动	学生的谈笑声、脚步声	8
4	近	推镜头	学生手中的书籍	推近展示学生手中的书籍，展示学习生活的细节	翻书的声音	4
5	近	摇镜头	路旁的树木与建筑	摄像机摇动，展示校园中的树木和建筑，呈现校园的美丽环境	轻微的风声，背景音乐增强	6
6	中	推镜头	校园广场	推近校园的广场，学生们穿越其中，展现校园活力	人声、背景音乐持续	5
7	近	旋转镜头	学生团体活动	围绕一个学生团体旋转拍摄，展现他们的团队活动和交流情景	欢笑声、掌声，音乐高潮	10
8	特	拉镜头（由近至远）	校园雕塑	从校园雕塑拉近至远，展示校园的文化和艺术氛围	轻柔的艺术音乐	8
9	近	移镜头	行走的学生	从一个学生移到另一个学生，呈现学生们行走的动态画面，展示学生们的多样性	步伐声、鞋底摩擦声，音乐持续	6
10	中	跟镜头（快速推进）	学生奔跑的画面	快速跟随一个奔跑的学生，表现学生们的青春活力	急促的呼吸声、跑步声，音乐紧凑	5
11	远	推镜头（慢动作）	学生排队进入食堂的场景	以慢动作推近学生排队进入食堂的场景，呈现出秩序井然的画面	人声、餐具声开始响起，音乐渐缓	7
12	近	拉镜头（快速拉远）	学生手中的餐盘	快速拉远拍摄学生手中的餐盘，展现食物的丰富多样性	拿餐盘的声音、餐具碰撞声，音乐再度紧凑	4
13	全	推镜头（俯角拍摄）	学生坐在食堂外的场景	从高空推近，俯瞰学生们坐在食堂外的场景，展现校园生活的热闹画面	人声鼎沸、背景音乐渐强	6

镜号	景别	镜头运用	分镜头画面	内容描述	音乐音响	时间/秒
14	近	拉镜头	学生走进绿荫小道	拍摄学生吃完饭走向绿荫小道，拉远展示小道的环境和学生在其中行走的情况	轻快的步伐声、鸟鸣声，音乐温暖舒缓	7
15	远	移+推镜头（由高空移至地面并推近）	整个校园至食堂再至学生	最后由高空拍摄整个校园，逐渐移至食堂上方，再移至行走的学生并推近，作为航拍的收尾	背景音乐渐弱至结束	10

● **项目目的**

让学生通过航拍技术，从全新的视角展现去食堂的路上的风景和人文场景。通过空中视角的拍摄，学生可以捕捉到地面视角难以获取的独特画面，从而为观众带来全新的视觉体验。同时，本项目旨在提升学生对航拍技术的理解和应用能力，培养学生的创新思维和实践能力。

● **实践内容**

各小组成员参考以上给定的脚本完成自己的脚本设计，需要思考以下几点。

（1）要拍摄的是什么季节什么时间点去食堂的场景？

（2）不同的时间，校园中人和物会有什么样的状态？

（3）去食堂的路上可以看到什么？

（4）想让观众看到什么？

（5）能够通过航拍的什么镜头去表现想让观众看到的画面？

各小组明晰以上内容后，请按以下顺序完成项目任务。

（1）设备准备：根据项目需求选择合适的无人机型号、摄像头和其他必要的航拍设备。确保设备性能稳定，满足航拍要求，并确保遵守相关安全规定。

（2）场地勘察：对校园内的食堂及其周边环境进行实地考察，了解地形、建筑布局、人员情况等，以便确定最佳的航拍位置和飞行路线。

（3）航拍计划制订：基于场地勘察结果，制订详细的航拍计划，包括飞行高度、角度、路线、拍摄时长等，同时考虑天气、光照等因素对航拍效果的影响。

（4）实地拍摄：根据航拍计划进行实地拍摄。注意保持无人机的稳定性和安全性，灵活应对突发状况，如调整飞行高度、角度或更改航线等。

（5）后期制作：对拍摄到的素材进行整理、剪辑、画面调整、音效添加、配乐选择等后期处理。创作一部精练、有趣的短片，充分展示"去食堂的路上"这一主题。

● 项目要求

3～6人为一组，给每组分配一台航拍无人机，供其在室外进行航拍实践。熟悉航拍无人机各个按键的功能，运用本单元学习到的镜头拍摄技巧执行拍摄任务，力求使拍摄画面达到平、稳、准的拍摄要求。短片时间不少于3分钟，要有自己的创意与创新，可以尝试不同的拍摄形式。

项目二 拍摄制作《校园风景》

● 预备知识

进行本航拍项目之前，请先参考以下脚本（见表4-2）。

表4-2 《校园风景》校园航拍分镜头脚本参考

镜号	景别	镜头运用	分镜头画面	内容描述	音乐音响	时间 / 秒
1	远	推镜头	校园全景	天空晴朗，摄像机推近展现校园全貌	清新乐曲	4
2	中	移镜头	运动场	展示学生们在操场上进行各种运动	轻快乐曲，学生欢呼声	3
3	近	跟镜头	学生行走	跟随学生行走在校园中的步伐	步伐声，自然环境音	2
4	特	推镜头	图书馆看书	从窗外推近展示学生们正在阅读的书籍	翻书声，宁静乐曲	3
5	近（低角度）	拉镜头	教学楼一角	从低角度拉起展示教学楼的宏伟	轻微风声，背景乐曲	3
6	中	推镜头（平移推近）	学生课堂互动	推近展示学生们在课堂上积极互动的场景	笔触声，轻松乐曲	2.5
7	远（侧面角度）	推镜头（慢推）	校门与校园周边景色	从侧面缓慢推近展示校门与周边环境的融合	车辆声，城市背景音	3.5
8	中/近	推镜头	食堂与就餐学生	推近拍摄校园内热闹的食堂及就餐的学生们	餐具碰撞声，人声鼎沸	3

镜号	景别	镜头运用	分镜头画面	内容描述	音乐音响	时间／秒
9	远	甩镜头	校园内的道路、树木与漫步的学生	甩动拍摄学生们在校园内漫步的场景	叶落声，宁静的背景音乐	2.5
10	特	拉镜头（由近拉远）	拉远拍摄从校园内一处景物到整体校园的美丽变迁	展示校园的美丽与活力	轻松的背景音乐	2
11	近（俯角度）	推镜头（由上往下推）	从高处推近到校园内的广场，学生们在广场上活动	展示广场的活力与多样性	欢快的乐曲，学生欢笑声	2.5
12	全（逆光）	静镜头	逆光下的校园建筑，阳光透过树叶间隙洒下斑驳光影	展示校园的宁静与温暖	自然环境的轻微声音，宁静乐曲	3
13	远/中	推镜头＋稍微仰角	推近一座高耸的建筑，仰视角度展现建筑的宏伟与高度	凸显校园建筑的雄伟气势	激昂的乐曲，风的声音	2.5
14	近（平角度）	拉镜头（平稳拉远）	平稳拉远拍摄一位老师在向学生讲解知识的场景，旁边还有认真听讲的学生	展现校园内的教学场景与师生间的互动	讲解声，学生提问声，轻柔的背景音乐	3
15	全（高角度俯瞰）	淡出镜头	由高角度俯瞰整个校园，画面渐渐淡出，出现字幕："飞翔的梦想，从这里起航。"	结束画面，给观众留下深刻印象	渐弱的乐曲，结束音效	3

● **项目目的**

让学生通过航拍的方式，全面展现校园的美丽风景和特色建筑。通过空中视角的拍摄，学生可以展示校园的独特魅力和氛围。同时，本项目旨在提升学生对于航拍技术的理解和应用能力，培养学生的创新思维和实践能力。

● **实践内容**

各小组成员参考以上给定的脚本完成自己的脚本设计，需要思考以下几点。

（1）如何定义"校园风景"？

（2）校园风景的画面可以是园林景观、建筑景观，也可以是学生活动；涉及选题立意点，既可以从宏观公共层面展现校园资源开放共享的特质，也可以从微观个体角度表达到校园生活的独特感悟。各小组成员思考后进行组内讨论。

（3）由参考脚本可以看出，分镜头脚本将一个个镜头组接成了不同的镜头单元，那么,《校园风景》先说什么？再说什么？

（4）你想用什么样的"语调"讲述画面，是动接静、静接动，还是全景接特写、中景接近景？

（5）构思和设计《校园风景》航拍分镜头脚本时，需要同步考虑拍摄与剪辑。

● **项目要求**

3~6人为一组，给每组分配一台航拍无人机，供其在室外进行航拍实践。熟悉航拍无人机各个按键的功能，运用本单元学习到的镜头拍摄技巧执行拍摄任务，力求使拍摄画面达到平、稳、准的拍摄要求。短片时间不少于3分钟，要有自己的创意与创新，可以尝试不同的拍摄形式。

问题与思考

1. 固定镜头拍摄中为何"稳"字当头？如何通过拍摄技巧实现拍摄画面的稳定？

2. 如何捕捉动态镜头来增强画面的活力？请举例说明。

3. 在运动镜头拍摄中，推摄、拉摄、摇摄、移摄和跟摄各有何特点？它们在表达上的优劣是什么？

4. 综合运动镜头拍摄与单一运动镜头拍摄相比，有哪些独特之处和挑战？

基于问题与思考的微课视频（参考）

固定镜头拍摄中为何"稳"字当头	无人机航拍的动态镜头
航拍运动镜头特点与表达比较	综合运动镜头拍摄

05

学习单元5　　光与影的艺术——飞翔时看到的光

学习单元导引

—— 学习目标

知识目标

1 理解光在航拍中的作用，包括曝光、造型和艺术表现

2 掌握不同光源和光线条件下的拍摄效果

3 学习如何利用光影关系提升航拍画面的艺术性

能力目标

1 能够根据不同光源和光线条件进行有效的航拍

2 能够运用光影效果增强航拍画面的表现力

3 能够创造性地使用光线和阴影塑造画面氛围

素养目标

1 培养审美能力和艺术创造能力

2 明确学习目标，提高学习效率

3 增强对光线运用的敏感度和把握力

4 建立团队意识，提高团队协作能力

—— 训练项目

1 实践在不同光源和光线条件下的航拍技巧

2 创作一段具有创意的光影效果的航拍视频

—— 单元结构

5.1 航拍中光的作用

5.2 解密光与影

5.3 航拍中的光效

光作为航拍中最重要的构成要素，不仅在技术上保证了被摄对象在摄像机的CCD（Charge Coupled Device，电荷耦合器件）上成像，而且通过其不同的色彩和性质，使得画面传达出独特的意境和情感。

在本单元中，我们将一起探索光在航拍中的多重角色：曝光作用确保影像的准确捕捉；造型作用强调物体的形状和线条；艺术表现作用则让影像充满情感和氛围。我们会详细解密各种光线条件下的影像效果，包括顺光、侧光、逆光、顶光及仰射光等，每种光线都能带来不同的视觉体验和艺术效果。

5.1 航拍中光的作用

光线是摄影的灵魂。而在航拍中，光线的作用更是不可或缺的，它决定了画面的质感、层次和氛围。从空中俯瞰大地，光线为每一处景象赋予了生命和色彩，使得二维的画面有了三维的质感。接下来，我们将深入探讨光在航拍中的曝光作用、造型作用及艺术表现作用。

资源链接：
航拍中光的作用

5.1.1 曝光作用

曝光是摄影的基石。在航拍中，由于拍摄范围更广，光线的影响更为显著。每一个细微的光线变化都可能导致画面的曝光不足或过度。因此，航拍摄影师需要更为精确地控制光线，确保所捕捉的画面曝光准确。

而光线并不仅是一个技术性因素，更是一个情感性因素。在日出时刻，暖色的阳光洒满大地，此时进行航拍，光线柔和且色温偏暖，为画面带来一种温暖的感觉。而在日落时分，太阳的角度较低，光线需要穿越更厚的大气层才能到达地面，这时的

▲ 曝光直方图

▲ 延时曝光

▲ 二次曝光

光线呈现出一种金红色的色调，为航拍作品赋予了浓烈的情感色彩。

5.1.2　造型作用

不同于地面摄影，航拍中的光线造型更加立体和多变。光线从不同的角度照射到物体上，产生各种各样的阴影和反光，为画面带来丰富的层次和质感。

▲ 造型作用

想象一下，当无人机飞越一片山脉，夕阳的光线从侧面照射过来，山峰的轮廓被清晰地勾勒出来，而山的侧面则隐藏在阴影之中。这样的画面，不仅展现了山脉的宏伟，还体现了大自然的立体感和质感。

5.1.3　艺术表现作用

光线是摄影中的画笔，它为画面涂抹上各种各样的色彩和情感。在航拍中，摄影师可以运用光线来表达自己的情感和主题。

除了自然光线带来的艺术效果，人工光线也是航拍中的一个重要元素。例如，在城市夜景航

▲ 艺术表现作用

拍中，高楼大厦的灯光、街头巷尾的霓虹都为画面增添了独特的氛围。通过捕捉这些光线的细节，摄影师可以创作出充满现代感和都市韵律的作品。

更进一步说，光线也是讲述故事的手段。它可以引导观众的视线，突出画面中的某个元素，或者为整个画面设定一个特定的基调。例如，明亮的光线可以营造欢快、活泼的氛围，而暗淡的光线则可能传达一种沉静、凝重的情感。

光线，是航拍的灵魂，是摄影师的创作工具。掌握好光线，就掌握了航拍的钥匙。航拍摄影师需要不断地学习和实践，深入探索光线在航拍中的无限可能，从而真正地驾驭光与影，创作出触动人心的航拍作品。

5.2　解密光与影

资源链接：
解密光与影

在航拍的世界中，光与影不仅是技术细节的关键，更是情感的载

体、故事的叙述者。每一道光、每一道影，都为画面注入了生命和灵魂。深入探讨航拍中的各种光线，能让我们更加深入地理解这一艺术形式，并提升自己的创作水平。我们借助石膏像在不同光位所展现的光影效果，与航拍时相同光位效果做对比，从感性到理性地去理解其中的光影奥秘。

▲ 顺光、逆光、侧光示意图

▲ 顶光、俯射光、平射光、仰射光
示意图

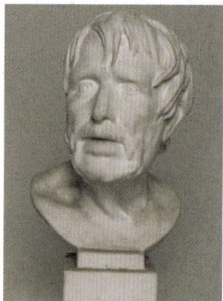

5.2.1 顺光的明快与鲜艳

想象一下，当阳光从正面照射到被摄物体上，整个世界都沐浴在明亮的光线中。这就是顺光给我们带来的感受。在航拍中，顺光使得画面的细节得以充分展现。城市的每一座建筑、街道的每一块砖石，都仿佛从光线中跳跃出来，显得那么真实和鲜明。色彩在顺光下更加鲜艳，无论是城市的繁华，还是大自然的绿意，都在光线的照射下焕发出生机。

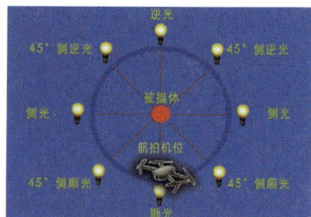

▲ 顺光石膏像效果图   ▲ 顺光航拍

5.2.2 侧光的立体与纹理

与顺光不同，侧光带来了阴影和高光，这使得画面具有了更强的立体感。在航拍中，利用侧光可以很好地展现建筑物的三维形态和纹理。一座座高楼在侧光的照射下，产生了明显的阴影，使得它们看起来更加坚固和有力量。而自然风景在侧光的条件下，也展现出了不同的风貌。林间的树木，因为光线的照射，产生了斑驳的影子，为画面增添了不少趣味性。

▲ 侧光石膏像效果图   ▲ 侧光航拍

5.2.3　逆光的诗意与剪影

逆光，往往是诗意和浪漫的代名词。在航拍中，逆光带来的剪影效果，使得画面充满了神秘感和戏剧性。侧逆光又称后侧光、反侧光，是指光源方向和摄像机光轴成130°左右的照明形式。其特点是被照明对象呈现明少暗多的照明效果。对象被照明的一侧有条形的亮斑，能很好地表现被摄对象的立体感，层次丰富。日落时分，太阳渐渐下沉，天空中的红霞与地面的景物形成了鲜明的对比。此刻进行航拍，很容易捕捉到令人心动的瞬间。而无人机的剪影，在红霞中飞翔，仿佛是在与太阳共舞，构成了一幅幅美丽的画面。

▲ 逆光石膏像　▲ 逆光航拍
　效果图

▲ 侧逆光石膏　▲ 侧逆光航拍
　像效果图

5.2.4　顶光的层次与清晰

顶光为被摄物体带来了均匀的照明。在城市航拍中，高楼大厦在顶光的照射下，顶部细节清晰可见，与下方的阴影形成了鲜明的对比，为整个画面增添了层次感。此外，湖面或其他反射面，在顶光条件下，会产生美

▲ 顶光石膏像效　▲ 顶光航拍
　果图

丽的光影交错效果，增加了画面的复杂性和观赏性。

5.2.5　仰射光的震撼与力量

仰射光是光线从低角度向上照射的效果，这种光线条件在航拍中常常可以带来震撼人心的画面。当航拍无人机从低空飞向高空的过程中，捕捉到太阳或其他光源从地平线上升起的瞬间，那种光芒四射、穿透云层的场景，充满了力量和生命力。色彩在这种光线条件下更加

▲ 仰射光石膏像　▲ 仰射光航拍
　效果图

73

饱和，整个画面洋溢着温暖和活力。

在航拍中，不同的光线方向、不同的光线性质，都为摄影师提供了丰富的创作素材和灵感来源。要成为一名优秀的航拍摄影师，不仅需要掌握技术，更需要学会光与影的运用，捕捉到它们带来的每一种情感和氛围。

5.3 航拍中的光效

航拍为摄影艺术打开了一个全新的视角，而在这个视角中，光效的运用显得尤为重要。光效，不仅是技术的体现，更是情感的传递和氛围的营造。在航拍中，诸多因素共同构成了光效，其中包括光源位置、光线强度、光线的颜色和温度，以及阴影和高光。这些因素，都为航拍摄影师提供了丰富的创作手段。

资源链接：
航拍中的光效

5.3.1 光源位置与光影魔法

光源位置是每一个摄影师在拍摄时都需要考虑的因素。在航拍中，光源的位置变化带来的光影效果尤为突出。当太阳位于被摄物体的上方，光线直射到被摄物体上，画面会显得明亮而刺眼，每一个细节都清晰可见；而当太阳逐渐西沉，光线从侧面打来，被摄物体会产生明显的阴影，这种光影交错的效果，增加了画面的层次感和立体感。

▲ 光源位置与光影魔法

5.3.2 光线强度与画面情感

光线强度不仅决定了曝光的难易程度，更为重要的是它为画面带来了情感氛围。在强烈的光线照射下，被摄物体显得生机勃勃，画面充满了力量感，此时的航拍作品，往往显得明快、清新；而当光线柔和时，如清晨或傍晚时分，画面的细节会显得柔和许多，色彩也更为温暖，这时的航拍作品给人一种宁静、平和的感觉。

▲ 光线强度与画面情感

5.3.3　光线颜色和温度的魅力

光线颜色和温度为航拍作品注入了情感。日出的那一刻，暖黄色的光线洒满大地，整个世界仿佛被温暖包围，这种暖色调的航拍作品给人一种希望和力量的感觉。而当天空被夕阳染成红色或橙色，画面的情感又变得深沉和浓郁。此外，

▲　光线颜色和温度

光线的温度也与色彩表现密切相关。高温下的光线使得色彩更加鲜艳夺目，而低温时的光线则让色彩显得柔和沉静。

5.3.4　阴影与高光：塑造立体感

阴影和高光在航拍中是塑造物体立体感的关键。通过巧妙运用阴影和高光的处理手法，摄影师能够突出被摄物体的形状、质感和立体感。当光线照射到建筑物的一侧时，形成的阴影和高光能够凸显出建筑物的轮廓和纹理。这种光影的交错使得建筑物更加有力量感和存在感。

通过光源位置、光线强度、光线颜色和温度及阴影和高光的巧妙运用，航拍摄影师能够营造出丰富多样的光影效果。掌握和理解这些因素对于航拍摄影师来说至关重要。通过灵活运用光效，

▲　阴影与高光

摄影师可以表达自己的创作意图，传递情感，营造出独特的画面氛围。

项目一　小组讨论色温与调白

● **预备知识**

在开始此项目之前，学生应具备基础的摄影知识，了解光线的基本概念，如光源、光线的方向等。此外，对于摄影中的基础设置，如ISO、光圈、快门速度等也应有所了解。对于航拍而言，了解无人机的基本操作及航拍的基本技巧也是必要的。

1. 色温

色温是摄影摄像中一个非常重要的概念。简而言之，色温衡量的是光线的颜色属

性，即我们常说的"光的冷暖"。它主要描述了黑体在特定温度下辐射出的光的颜色。在摄影中，色温的影响主要体现在画面的整体色调、对比度和饱和度上。不同色温的光线会给观众带来不同的心理感受和视觉体验。表5-1所示为典型光源的色温。

表5-1　典型光源的色温

光源	色温/K	光源	色温/K
蜡烛光	1 930	钨丝白炽灯	3 000
碘钨灯	3 200	水银灯	4 500~5 500
日光灯	6 000	阴雨天的天空光	7 000
日出、日落	2 000~3 000	烟雾弥漫的天空光	8 000
没有太阳的昼光	4 500~4 800	晴天无云的天空光	10 000
中午的阳光	5 000~5 400		

注：表5-1展示了各种光源和它们对应的色温。色温是一个用于描述光源颜色的物理量，单位为开尔文（K）。它表示一个理想黑体在发出与光源相同颜色光时的绝对温度。由于它是基于自然界的绝对零度，即−273.15℃，所以开尔文温标能够提供一种从绝对零度开始的温度测量方法。

例如，低色温的光线通常呈现红色或橙色，给人一种温暖、热烈的感觉；而高色温的光线则呈现蓝色或紫色，给人一种冷清、宁静的感觉。因此，摄影师在拍摄时可根据主题和情感表达的需要选择合适的色温。

2.调白

对于航拍无人机而言，调白是确保拍摄出高质量影像的关键步骤之一。调白的目的在于消除或减少由于光线色温不匹配而造成的色彩偏差，使影像色彩更加真实自然。

在航拍中，无人机飞行高度较高，光线经过大气层发生过滤和折射，往往会导致色温的变化。此外，不同时间段、季节和天气条件下的光线色温也存在差异。因此，航拍摄影师需要根据实际情况进行调白操作，以确保影像的色彩准确性。

通常，航拍无人机会配备专门的色温调节功能和白平衡设置功能。摄影师可以在飞行前根据环境光线条件预设合适的色温和白平衡参数，或在飞行过程中根据实际情况进行调整。一些高端的航拍无人机还具备自动白平衡功能，能够根据光线环境的变化自动调整色温和白平衡，以简化摄影师的操作流程。

无人机航拍在特殊状态下也会存在一些问题，如在自动白平衡模式下，遇到画面中出现单色物体（如绿色或其他色为主的颜色）时，会自动生成补色而改变颜色，造成拍摄的系列照片色彩不一致。设置手动白平衡则不会存在这种情况。一般白天拍摄可以把白平衡手动设置为5 400K左右，夜间拍摄可以将其设置为5 000K左右。如果要拍摄RAW格式的图像，则对白平衡的设置并不是特别严格，可以后期调整，但是一定要设置手动白平衡，使所有照片的色彩一致。

拍摄夜景效果不佳是小型摄像机难以规避的问题，要多关注对夜景画面的宽容度、噪点控制。凌晨和傍晚的黄金一小时更有一定概率会出现白平衡偏移，有必要进行后期修图。

摄影摄像中的色温和航拍无人机的调白是影响影像质量的关键要素。了解色温的概念和影响，以及掌握航拍无人机的调白技巧，对于摄影师来说至关重要。通过合理的色温选择和准确的调白操作，摄影师能够创造出更具表现力和感染力的航拍作品，让观众沉浸于光与影的艺术世界中。

● 项目目的

让学生了解色温与调白在摄影摄像中的重要性，以及在航拍中如何运用这些知识来获取高质量的影像。通过实践操作，学生应能熟练掌握色温的调整和调白技巧，以适应不同的光线环境和拍摄需求。

● 实践内容

（1）理论学习：通过教学资料、视频，向学生介绍色温与调白的基本概念、原理及其在摄影中的应用。

（2）实地观察：组织学生到室外，在不同时间段（如清晨、中午、黄昏）观察自然光的色温变化，并使用无人机进行实地拍摄。

（3）室内模拟：在室内使用灯光模拟不同色温的光线环境，进行摄影练习，以体验色温对画面情感的影响。

（4）后期处理：使用后期软件对拍摄的样片进行处理，进一步体会色温与调白在影像后期编辑处理中的重要性。

（5）小组讨论与分享：学生将各自的实践经验、样片和后期处理结果进行分享，并讨论在不同光线环境下如何运用色温与调白技巧。

● 项目要求

（1）前置学习：向学生提供关于色温与调白的背景资料和预习材料，以确保他们对基本概念和原理有初步了解。

（2）小组讨论：在教师的带领下，组织学生进行小组讨论，深入探讨色温与调白的概念、影响因素及在航拍中的应用。鼓励学生分享自己的经验和观点，并相互学习和交流。

（3）实例分析：引入实际的航拍案例，让学生运用所学的色温与调白知识进行分析和评估，通过比较不同色温下的作品表现，讨论如何优化色彩、还原和提升作品质量。

（4）实践应用：在讨论和理解的基础上，鼓励学生将所学的色温与调白技术应用于自己的航拍实践中。学生可以根据实际情况调整摄像设备的设置，并在后期处理中运用相关技巧，以实现更准确和生动的色彩表现。

（5）项目评估：对学生的讨论表现和实践作品进行评估。根据其作品色彩还原准确性和整体观感质量，来评价他们对色温与调白技术的掌握和应用能力。

通过此项目的学习和实践，学生不仅能深入理解色温与调白在摄影摄像中的重要性，更能掌握如何在不同光线环境下运用这些技巧，提升航拍影像的质量。希望学生能够将所学应用到实际的摄影摄像工作中，创造出更多的高质量作品。同时，也希望他们能够在未来的学习和探索中，不断挖掘光与影的魅力，为摄影艺术注入更多的活力。

项目二　捕捉室外早、中、晚的不同影调

● 预备知识

在进行此项目之前，学生应当已经掌握了基础的摄影技术，包括但不限于曝光三要素（ISO、光圈、快门速度）的调整、基本的构图技巧等。对于航拍技术，学生需要了解无人机的基本操作、飞行安全准则及基础的航拍技巧。此外，为了更好地理解和捕捉

日光白平衡

阴天白平衡

阴影白平衡

荧光灯白平衡

钨丝灯白平衡

闪光灯白平衡

▲　不同白平衡图像效果

▲　色温偏蓝

▲　色温正常

▲　色温偏红

早、中、晚的光影变化，对于自然光的特性、色温的影响等理论知识学生也应有所了解。

● **项目目的**

让学生通过实践操作，深入体验和理解室外早、中、晚不同时间段的光影变化，进一步提升摄影技术和艺术审美。通过无人机航拍的方式，学生能够从全新的视角捕捉光影的魅力，为其今后的摄影创作提供更多的灵感和可能性。

● **实践内容**

（1）理论探讨：组织学生进行一次关于自然光影变化的理论学习，通过案例分析和作品欣赏，引导他们观察和思考不同时间段光影的特性及其对画面的影响。

（2）实地踩点：选择适合的拍摄地点，让学生提前进行实地考察，了解环境光线、地形等因素，为后续的拍摄做好准备。

（3）分时段拍摄：将学生分为早、中、晚3个小组，每个小组分别在不同时间段进行无人机航拍，捕捉该时段独特的光影效果。

（4）技术实践：在拍摄过程中，学生需要根据实际光线环境调整无人机的拍摄参数，如曝光、白平衡等，确保获取最佳的影像质量。

（5）后期处理与分享：拍摄完成后，学生使用后期软件对照片进行必要的处理，如色调调整、裁剪、锐化等，以强化光影效果。随后组织一次作品分享会，每个小组选派代表展示并讲解他们的作品，全班共同交流和探讨。

● **项目要求**

（1）在拍摄过程中，学生需严格遵守飞行规定和安全准则，确保人机安全。

（2）学生需要在指定的时间段内进行拍摄，确保捕捉到该时段典型的光影效果。

（3）鼓励学生在拍摄中尝试不同的构图和拍摄角度，展现他们的创意和审美。

（4）在后期处理中，学生应适度处理，保持照片的自然和真实感，避免过度加工。

（5）作品分享时，要求学生能够清晰地表达他们的创作思路和拍摄经历，接受其他同学的建议和反馈，以进一步提升自己的摄影技术和艺术表现能力。

通过本项目的学习与实践，学生不仅能够感受到室外早、中、晚不同时间段的光影魅力，还能在实践中提高摄影技术水平和艺术感知能力。希望学生在这次项目中收获到的不仅是技术的提升，更重要的是对光影、自然、生活的热爱。期待他们在未来的摄影道路上，能够继续用心捕捉每一个动人的瞬间，创作出更多富有情感和故事性的作品。

问题与思考

1. 光在摄影中具有哪些作用？分别解释曝光作用、造型作用和艺术表现作用。

2. 比较顺光、侧光、逆光、顶光和仰射光的特点及其在航拍中的应用。

3. 航拍中的光效如何影响最终的画面效果？请举例说明。

4. 色温与调白的关系是什么？如何正确设置色温与调白？

5. 如何捕捉室外早、中、晚的不同影调，使画面更具时间感和情感性？

基于问题与思考的微课视频（参考）

光在无人机航拍
摄影中有着至关
重要的作用

比较顺光、侧光、
逆光

航拍光效影响
画面效果

无人机航拍色温
与调白

如何捕捉室外
早、中、晚的
不同影调

06

学习单元6 画面之中有巧思——航拍
的机位与取景

学习单元导引

—— 学习目标

知识目标

1 了解航拍中不同距离与景别的特点和应用

2 理解航拍角度对画面情感和视觉效果的影响

3 掌握不同高度航拍的视角特点和表现力

能力目标

1 能够根据拍摄主题选择合适的航拍距离与景别

2 能够运用不同的航拍角度创作具有情感的画面

3 能够根据内容需求选择适宜的航拍高度

素养目标

1 培养审美能力和艺术创造能力

2 明确学习目标，提高学习效率

3 增强对航拍机位和取景的敏感度和创造力

4 建立团队意识，提高团队协作能力

—— 训练项目

1 实践并分析不同距离与景别的航拍效果

2 创作一段包含不同角度和高度的航拍视频

—— 单元结构

6.1 航拍的距离与景别

6.2 航拍的角度

6.3 航拍的高度

本单元，我们将一起进入一个更为精妙的领域——航拍中的机位与取景。摄影摄像行业对视觉传播过程的科学描述是"感觉＋选择＋理解＝观看"。我国北宋文豪苏轼在《题西林壁》中写道："横看成岭侧成峰，远近高低各不同。不识庐山真面目，只缘身在此山中。"由此看出，观察者与物体间的距离、角度不同，所看到的画面效果也有着巨大的差别。

航拍时，我们可以通过无人机的不同机位，多角度地来展现被摄物体的全貌，从而带给观众一种与众不同的视觉体验。下面，我们将学习如何通过选择不同的拍摄距离（远景、全景、中景、近景、特写）来表达不同的视觉语言和情感，以及如何通过改变拍摄角度（正面、斜侧面、俯视、仰视）和高度（低空、中空、高空）来增加画面的深度、动态感和力量感。

6.1 航拍的距离与景别

航拍为摄影师开辟了一个全新的视角——从空中鸟瞰地面，这带给我们不一样的视觉体验。在航拍的过程中，拍摄距离与景别的选择，是塑造作品风格、表达情感的关键所在。每一个景别，都有其独特的语言，诉说着不同的故事。

资源链接：航拍的距离与景别

▲ 无人机航拍的景别

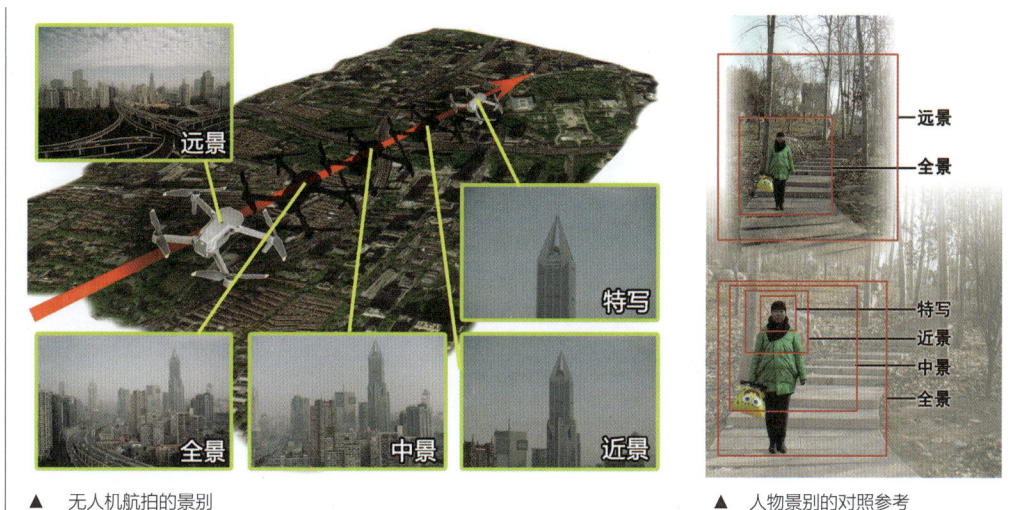

▲ 人物景别的对照参考

景别是指在影像中呈现的范围和视角。普通摄影摄像和无人机航拍在景别上的差异源于它们的拍摄方式和所处环境的不同。

普通摄影摄像通常是由摄影师手持摄像机进行拍摄，因此其景别受限于摄影师的身体条件和摄像机的技术规格。普通摄影摄像更适用于近距离的拍摄，如人物采访、物品展示等。

摄影师可以根据需要调整摄像机的焦距和角度，以获得所需的景别效果。由于普通摄影摄像设备相对较轻便，摄影师可以灵活地在各个场景中移动和拍摄，实现多样化的景别呈现。

而无人机航拍则是通过无人机搭载摄像头进行空中拍摄。这种拍摄方式赋予了无人机航拍独特的优势，尤其是在景别方面。无人机可以飞行至高空，让摄影师能够以全新的视角俯瞰地面，进而呈现出广阔的景象。这是普通摄影摄像难以企及的。无人机航拍可以通过调整飞行高度和角度，轻松拍摄到辽阔的风景、城市的全貌等；还可以通过飞行轨迹的规划，实现长距离、高速移动等复杂拍摄动作，进一步丰富了景别的表现力。

值得注意的是，普通摄影摄像和无人机航拍并非完全是被替代与替代的关系，而是互补关系。在某些场景中，普通摄影摄像更适合捕捉细节和情感，而无人机航拍则能够呈现宏观和壮丽的画面。两者结合使用，可以创造出更丰富多样的影像效果，满足不同需求和创作风格。

6.1.1　远景（大全景）

远景，又称大全景，是航拍中的"巨人视角"。它包容广阔，可以捕捉到大片的土地、绵延的山川、城市的全貌。这种景别带给观众的是宏伟、壮观的感受，也展现了自然的辽阔与人类的渺小。

在拍摄远景时，摄影师如同绘画大师，用光线、色彩、线条作为画笔，构图作为画布，创作出层次丰富、构图宏大的画面，使观众的目光被深深吸引。

6.1.2　全景

全景比远景稍窄，但仍然能够展现宽广的场景。它常用于建筑与景观摄影中，可以呈现建筑物的整体、景观的延伸、人群的活动等。与远景相比，全景更注重细节，能让观众更深入地了解被摄场景。

拍摄全景时，摄影师像是一位建筑师，注重画面的平衡，选择合适的角度和高度，利用透视和线条，打造出有序而和谐的画面。

6.1.3　中景

中景的构图暗含黄金分割法则，既保留了场景的背景，又能呈现物体的部分细节。它适用于表现人物的动作、建筑物的局部、景观的特色等。中景为观众提供了环境的背景，同时凸显了物体的特点。

在中景的拍摄中，摄影师是细节的控制者，他们需要关注物体与背景的关系，刻画细节，选择合适的焦点和景深，使画面充满立体感。

6.1.4　近景

近景是细节的放大镜。在近景中，物体的纹理、色彩、形状都清晰可见，质感和表现力得以充分体现。

对于近景的拍摄，摄影师就像是雕刻家，他们捕捉细节，运用光线和阴影的对比，精确控制焦点，将物体的每一个细节都展现得淋漓尽致，为观众带来强烈的视觉冲击。

6.1.5　特写

特写是航拍中的微观世界。它聚焦在物体的某一小部分或特定细节上，给观众带来强烈的感受，引导他们更加关注这些细节。

拍摄特写时，摄影师如同微观生物学家，他们寻找独特的角度，利用光线，精确控制焦点，使特写部分充满生命力，营造出独特的氛围和情感。

总的来说，航拍中的距离与景别不仅是技术上的选择，更是艺术与情感的表达。不同的景别为航拍作品带来了丰富的层次感和深度。摄影师通过对不同景别的巧妙选择和控制，为观众呈现出一个五彩斑斓的世界。

6.2　航拍的角度

航拍的角度是航拍摄影中一种独特的视觉语言，它是塑造作品个性和情感的关键。角度的变化不仅可以呈现不同的视觉效果，还能够强调被摄物的特点，为作品赋予更深层次的意义。每一个角度都像是一种情感的诠释，使航拍作品更加丰富多彩。

资源链接：
航拍的角度

6.2.1　正面角度的情感呈现

正面角度是最直接、最纯粹的拍摄方式。它可以完全呈现被摄物体的全貌和特点，给予观众最直接的视觉冲击。想象一下，当我们正面拍摄一座桥时，它那精心设计的细节、坚固的材质及精巧的造型都会一览无余地展现在观众面前，带

▲　正面角度航拍的桥

来强烈的庄重感与沉稳感。正面角度有时就像是对被摄物体的致敬，它使画面更加庄严、稳重。

▲ 斜侧面角度航拍的桥

6.2.2　斜侧面角度的动态与深度

斜侧面角度能够使航拍画面产生透视效果，展现物体的深度和立体感，为画面增添活力和张力。通过斜侧面拍摄，我们可以清晰地看到建筑物的立面结构、光影变化和纹理细节，这使得画面更加生动和丰富。斜侧面角度是对物体三维形态的最好诠释，它像是一首充满节奏感的诗篇，带领观众走入一个立体、多彩的世界。

6.2.3　俯视角度的全局与细节

俯视角度给予我们全局的视野，让我们能够从空中看到地面的全貌。这种全局观使得画面具有更强的纵深感和空间感。通过俯视角度，我们可以清晰地看到城市的布局、街道的脉络、自然的纹理，这种视角带给我们一种超越日常体验的感受，仿佛自己成为天空中的一只飞鸟，俯瞰着这个世界。俯视角度是对场景的最好解读，它让观众对场景有了更深入、更全面的理解。

▲ 俯视角度航拍的火车站

6.2.4　仰视角度的力量与崇高

仰视角度常常用来拍摄雄伟的建筑物或者壮丽的自然风光，它强调被摄物体的高度和力量，带给观众强烈的震撼和崇敬之情。当我们仰视一座摩天大楼时，那直线上升的结构、高耸入云的尖顶都显得如此有力，仿佛要穿透天空；当我们仰视崇山峻岭时，其雄伟、崇高令人起敬。仰视角度是对崇高和力量的赞美，它凸显了自然和人类的伟大。

总的来说，航拍的角度不仅是一种技术的选择，更是一种情感的表达。正面角度的稳重、斜侧面角度的活力、俯视角度的全局观及仰视角度的崇

▲ 仰视角度航拍的电视塔

高感，都为航拍作品增添了丰富的情感和个性。在选择航拍角度时，摄影师需要根据自己的创作意图和情感表达需要，选择合适的角度，打造出触动人心的航拍作品。

6.3 航拍的高度

航拍的高度是决定航拍作品视角和感受的关键因素，航拍的高度与航拍无人机的类型有关。根据航拍无人机的重量和飞行高度，我们可以将其分为微型航拍无人机、轻型航拍无人机及轻型以上航拍无人机，每种类型都有其独特的视觉特点和适用范围。

资源链接：
航拍的高度

6.3.1 微型航拍无人机的低空视角

微型航拍无人机通常在真高50米的范围内飞行。这个高度允许摄影师以较低的角度捕捉被摄物体的细节和近距离的视觉效果，适用于拍摄城市街景、小型建筑物、人群活动等场景。通过微

▲ 航拍高度为50米范围内拍摄

型航拍无人机的低空视角拍摄出的画面，可以呈现出独特的视觉冲击力，让观众体会到与场景近距离接触的感觉。例如，在拍摄城市街头时，可以利用微型航拍无人机捕捉到行人的表情、建筑物的纹理等细节，营造出亲切且生动的画面。

6.3.2 轻型航拍无人机的中空视角

轻型航拍无人机通常在真高120米的范围内飞行。这个高度可以使航拍作品呈现更广阔的范围，并展现中型的场景和建筑物，适合于拍摄城市的局部景观、建筑群、自然风光等。在这个高

▲ 航拍高度为50~120米范围拍摄

度，摄影师可以平衡画面的细节和整体构图，将观众的视线引导到重要的元素上。例如，拍摄城市的公园景观时，可以利用轻型航拍无人机捕捉到树木、花坛、小径等元素的细节，同时展现公园的整体布局和美感。

6.3.3 轻型以上航拍无人机的高空视角

轻型以上航拍无人机的飞行高度可超过120米，能够带来更加辽阔的视野和震撼人

心的画面。这个高度适合于拍摄大范围的自然景观、河流、山脉等。通过高空视角，摄影师可以拍摄到整个城市、山脉、河流等巨大景观，营造出辽阔、壮丽的视觉效果。例如，利用轻型以上航拍无人机拍摄长城，可以在画面中呈现出长城蜿蜒曲折、雄伟壮观的特点，给观众带来了强烈的视觉冲击力。

▲ 航拍高度为120米以上范围拍摄

需要注意的是，航拍高度应根据具体需求和场景来灵活调整。有时结合不同高度的航拍手法，可以在同一作品中呈现出多样化的视角和感受，使画面更加丰富和生动。摄影师在拍摄前应对场景进行充分的了解，选择合适的航拍高度，并结合自身的创作意图，打造出独具魅力的航拍作品。

总而言之，航拍高度是航拍摄影中的重要因素，不同高度的选择将带来不同的视觉效果和情感体验。微型航拍无人机的低空视角注重细节和近距离感受，轻型航拍无人机的中空视角平衡细节与整体构图，而轻型以上航拍无人机的高空视角则强调广阔和壮丽。通过合理选择航拍高度，摄影师能够创造出丰富多样的航拍作品，给观众带来独特的视觉感受和情感共鸣。

项目一　拍摄制作《校园中的我》

● 预备知识

在开始此项目前，学生应具备摄影基础知识，如了解光线、色彩、构图等基本概念；同时，应了解不同类型的航拍无人机及其功能，并熟悉基本的航拍操作方法。

表6-1所示的脚本中将航拍无人机拟人化为"小爱"，带领观众游历校园。

表6-1 《校园中的我》校园航拍分镜头脚本参考

镜号	景别	镜头运用	分镜头画面	内容描述	画外音	音乐音响	时间/秒
1	远	推镜头（起飞）	小爱从地面起飞	小爱从地面缓缓起飞，展示无人机的视角	小爱准备起飞了，大家跟我一起看看校园的美景吧	轻松的背景音乐，无人机起飞声	3
2	全	移镜头	校园全景	小爱飞翔在校园上空，展示校园的整体景色	这就是我们美丽的校园，绿意盎然，充满活力	清新的乐曲，轻微风声	4

镜号	景别	镜头运用	分镜头画面	内容描述	画外音	音乐音响	时间/秒
3	近	跟镜头	学生走在道路上	小爱跟随学生行走，呈现学生的活力与校园的生动场景	看，学生正在忙碌地穿梭在校园中，他们是这里的主角	自然环境的声音，轻快的步伐声	2.5
4	特	推镜头（建筑细节）	教学楼的建筑细节	小爱推近教学楼细节，展示建筑的特色与美感	这座教学楼的设计真是独具匠心，展现了校园的文化底蕴	宁静的乐曲，轻微风声	2
5	中	旋转镜头	运动场与活动的学生	小爱在运动场上空旋转，捕捉学生的运动瞬间	运动场上总是充满激情与活力，学生在这里挥洒汗水，追求梦想	动感的音乐，欢呼声	3
6	特	拉镜头（由近至远）	校园内的湖泊或绿地	小爱从湖泊或绿地近处拉远，展示其宁静与美丽	这片湖泊（或绿地）给校园增添了一抹宁静的色彩，让人心旷神怡	宁静的乐曲，水波声	3.5
7	近（俯角度）	推镜头（人群活动）	从高空俯瞰学生在广场的活动	小爱从高空俯瞰，展示学生多样的活动与人群互动	广场上总是热闹非凡，学生在这里聚会、交流，增进友谊	欢快的背景音乐，人声鼎沸	2.5
8	特（日落逆光）	静镜头（小爱剪影）	日落下小爱停留在空中的剪影	小爱在日落逆光下形成美丽的剪影，增添浪漫氛围	日落时分的小爱显得格外美丽，像是在守护着这片充满回忆的校园	日落的自然声音，轻柔的乐曲	2
9	特（低空飞行）	推镜头（树木纹理）	小爱低空飞行，推近树木的纹理与枝叶细节	凸出校园中的自然元素，呈现树木的美丽与生命力	这些树木是校园的绿色使者，为我们带来清新的空气和美丽的风景	清新的乐曲，鸟鸣声	1.5
10	特（高空视角）	拉镜头（拉远城市与校园的关系）	从高空拉远，展示校园与城市背景的关系	呈现校园所处的城市环境，强调其与周边的联系	无	城市的车水马龙声，宽广的背景乐曲	3

● 项目目的

让学生熟练掌握摄像机位的选择技巧，以呈现最佳的视觉效果；学会运用不同的取景方法，强调被摄物体的特点；结合航拍技术，从独特的视角发现并捕捉校园的美丽；培养团队协作意识，提高沟通能力。

● **实践内容**

（1）分组与主题讨论：将学生分为若干小组，每组4~5人。小组内讨论并确定拍摄的主题和风格，如校园里的建筑物、学生的活动、特定季节或时间段的校园等。

（2）摄像机位的选择：小组内讨论并选择最佳的摄像机位。可以选择高处或空旷场地如楼顶、操场等进行航拍，也可以选择低处如走廊、教室等进行传统拍摄。对于航拍部分，需要确定无人机的飞行路径、高度和拍摄角度。

（3）取景与构图：根据选择的摄像机位，确定如何取景和构图。可以使用不同的构图方法，如三分法、黄金分割等，以增强画面的视觉冲击力。

（4）实际拍摄：按照计划进行实际拍摄。在拍摄过程中，小组成员需要相互协作，确保拍摄顺利进行。

（5）后期处理与展示：对拍摄的照片或视频进行后期处理，如剪辑、调色等，以增强其表现力。完成后，每组选择最具代表性的作品进行展示，并向全班同学分享创作思路和拍摄过程。

● **项目要求**

（1）每组需提交一份详细的拍摄计划，包括摄像机位的选择、取景方法、构图策略等。

（2）航拍部分需确保安全，遵守相关的无人机飞行规定。

（3）照片或视频应清晰、稳定，且能够明确地表现主题。

（4）在后期处理和展示中，要体现出小组成员的合作成果，展示他们独特的创作风格和视角。

（5）所有小组都需要在项目完成后进行经验分享和反思，讨论自己在实践过程中遇到的问题及解决方法。

通过本项目的学习与实践，学生不仅能掌握摄像机位的选择与取景的技巧，还能更细致、全面地观察自己的校园，发现其独特的美；同时，也能在团队合作中提升自我，学会同他人沟通与协作。

项目二　拍摄景别视频教学片

● **预备知识**

在开始项目前，学生需要掌握一些基础知识。首先，学生应具备基础的摄影摄像技术，包括光线控制、色彩管理、手动对焦等。其次，对不同的景别（远景、全景、中景、近景、特写），学生应有深入的理解，明白各种景别的表现力和适用场景。最后，学生应对航拍技术有所了解，包括无人机的操作、航拍画面的构图和元素管理等。

● 项目目的

使学生能够熟练掌握和应用各种景别的拍摄技巧，同时结合航拍技术，提升他们的摄影摄像技术和视觉表达能力。通过实践操作，让学生深入理解摄像机位的选择与取景对于视频效果的重要性。同时，让学生提高团队协作能力。

● 实践内容

（1）理论学习：组织学生进行理论学习，深入研究各种景别的定义、特点、应用等，为实际操作打下坚实的基础。

（2）场景选择与剧本创作：每个小组需选择一个合适的场景，并创作一个简单的剧本，剧本需要包含各种景别的应用。

（3）摄像机位的选择与取景：根据剧本和场景，小组讨论并选择最佳的摄像机位，同时确定各种景别的具体应用，包括如何取景、如何构图等。

（4）实际拍摄：各小组按照计划进行实际拍摄，尽可能保证画面的稳定、清晰，并且准确地表现出各种景别的特点。

（5）后期编辑与总结：拍摄完成后，进行视频的后期编辑，包括剪辑、音效、色彩调整等。各小组需要在项目完成后总结拍摄过程中的问题，提出改进方案。

● 项目要求

（1）每个小组都需要提交一份详细的拍摄计划，包括场景选择、剧本、摄像机位选择、取景方案等。

（2）航拍部分需严格遵守飞行规定和安全准则，保证飞行的安全和合规。

（3）拍摄的视频应清晰、稳定，景别的应用应准确，能够明确地表现出剧本的内容。

（4）在后期编辑中，需要注意保持视频的连贯性和一致性，音效和色彩调整应符合场景氛围。

（5）项目完成后，各小组需要提交一份总结报告，总结在拍摄过程中的问题，以便在今后的实践中进行改进。

通过本项目的学习和实践，学生能够进一步理解和掌握摄像机位的选择与取景的技巧，提升摄像技术和视觉表达能力；同时，锻炼团队合作能力和沟通能力，为未来的工作和生活积累宝贵的经验。

问题与思考

1. 远景、全景、中景、近景和特写这5种景别各有什么特点？在航拍中如何灵活运用它们来表达不同的情感和细节？

2. 拍摄角度如何影响构图的效果？请分别简述正面角度、斜侧面角度、俯视角度和仰视角度拍摄带来的视觉感受。

3. 低空视角、中空视角和高空视角这3种拍摄高度各有什么画面特点？如何在航拍中选择合适的拍摄高度？

4. 在选择摄像机位与取景时，如何综合考虑拍摄距离、拍摄角度和拍摄高度等因素，以获得最佳的画面效果？

5. 请举一个实际例子，说明在拍摄过程中如何综合运用各种摄像机位与取景技巧来呈现一个富有层次感和情感表达的画面。

基于问题与思考的微课视频（参考）

航拍中如何灵活
运用景别

拍摄角度影响
构图效果

低空视角、中空
视角和高空视角

无人机航拍如何获
得最佳画面效果

拍摄海边日落
场景

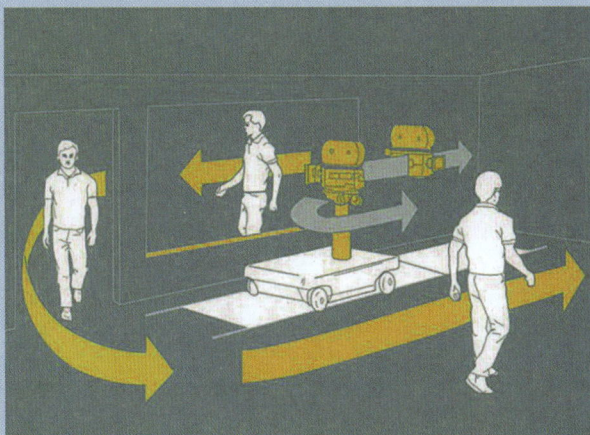

轴线

07

学习单元 7　　　　　航拍场面的把控——场面调度和基本规律

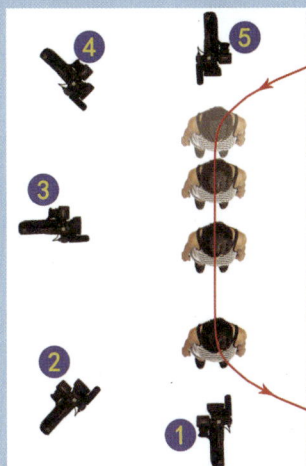

学习单元导引

—— 学习目标

知识目标

1	理解场面调度在航拍中的重要性和创意应用
2	掌握轴线规律在航拍中的应用及其重要性
3	学会避免越轴的方法，保持画面连贯性

能力目标

1	能够进行有效的航拍场面调度，实现创意表现
2	能够正确运用轴线规律，拍摄具有逻辑性和连贯性的画面
3	能够识别并避免越轴错误，提升画面的专业度

素养目标

1	培养审美能力和艺术创造能力
2	明确学习目标，提高学习效率
3	增强对航拍场面的把控能力
4	建立团队意识，提高团队协作能力

—— 训练项目

| 1 | 分析电影或电视剧中的场面调度和轴线规律的应用 |
| 2 | 创作一段遵循轴线规律的航拍视频 |

—— 单元结构

| 7.1 | 航拍——高端摄影技术与场面调度的融合 |
| 7.2 | 航拍——轴线规律的重要性与应用 |

影视技术的革新带来了场面调度技巧的不断丰富，而现代航拍技术则将这些技巧推向了新的高度。从戏剧到电影、电视、短视频的发展，场面调度在其中扮演着独特的作用。尽管连续拍摄的方法在很大程度上取代了蒙太奇（一种电影的组合理论及手法），但蒙太奇依然是电影语言中不可或缺的一部分。在航拍创作中，场面调度与蒙太奇可以并行不悖、相辅相成。

通过本单元的学习，掌握如何借助蒙太奇手法，结合无人机运动的速度和节奏变化，对比揭示出更为深刻的含义。这种融合不仅能增强作品的艺术表现力，还能使观众感受到更为强烈的情感冲击。

7.1 航拍——高端摄影技术与场面调度的融合

随着科技的飞速发展，航拍已经逐渐从专业领域走入大众视野，成为一种备受欢迎的高端摄影技术。航拍的独特视角与自由飞行的特性为摄影师带来了无尽的创作可能。然而，要让航拍作品真正触动人心、传递情感，场面调度是不可或缺的一环。

资源链接：
航拍——高端摄影技术与场面调度的融合

7.1.1 从戏剧到电影：场面调度的源流与发展

"场面调度"一词出自法文（Mise en scène），其原意是"摆在适当的位置"或"放在场景中"。场面调度用于舞台剧中，有"人在舞台上的位置"之意，指导演依照剧本的情节

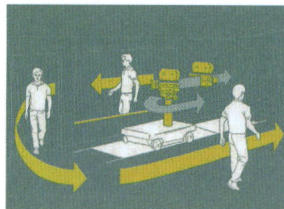

▲ 传统摄像中的场面调度

和剧中人物的性格、情绪，对一个场景内演员的行动路线、站位、姿态手势、上下场等表演活动所进行的艺术处理。

早在戏剧舞台上，场面调度便卓有成效。导演通过巧妙安排演员的位置、道具的摆放及灯光的投射，为观众呈现出一个个生动且富有情感的场景。而影视艺术中的场面调度则在舞台戏剧的基础上得到了广泛而深入的补充和发展。就电影艺术而言，场面调度是指调度演员的位置、动作、行动路线及摄影机的机位、拍摄角度、拍摄距离和运动方式，包括演员调度和镜头（摄影机）调度两个方面。

7.1.2 航拍中的场面调度：三维空间中的无限创意

当场面调度遇见航拍，二者的结合带来了前所未有的创作空间。在三维空间中自由飞行的无人机，为场面调度提供了更多的可能性和创意空间。具体来说，航拍中的场面调度分为空间调度、时间调度和元素调度。

1. 空间调度

摄影师在航拍中能够自由地调整航拍无人机的飞行高度和角度，从而使航拍作品具有多样的空间感和层次感。从贴近地面的低空视角，到俯瞰全局的高空视角，摄影师可以通过连续的拍摄，实现一个场景从细节到整体的完整呈现。

2. 时间调度

除了空间上的自由调度，航拍还为时间调度提供了便利。在不同的时间段进行飞行，摄影师能够捕捉到光影的微妙变化、人流的动态流转，为作品注入丰富的情感和节奏感。

3. 元素调度

场景中的每一个元素，都有其独特的视觉和情感寓意。通过航拍，摄影师可以灵活调整这些元素的位置和比例，创造出丰富多彩的视觉效果，营造出各种不同的情感氛围。一座建筑的角度、一群人的形态等，都可以成为传递情感的载体。

将场面调度的技巧融入航拍创作中，不仅增强了作品的视觉冲击力，更使得摄影师的创作意图和情感得以准确传达。无论是商业广告中的产品展示，纪录片中的真实故事叙述，还是风光摄影中的自然之美的呈现，场面调度都是航拍创作中不可或缺的核心技巧。

航拍不仅是一种技术，更是一种艺术。掌握好场面调度的精髓，摄影师便能在高空中尽情挥洒创意，创作出既有视觉冲击力又能触动心灵的佳作。航拍摄影师需不断提升自己的场面调度技巧，探索更多未知的创意可能性，让航拍这一高端摄影技术继续绽放出璀璨的艺术光芒。

7.2 航拍——轴线规律的重要性与应用

资源链接：
航拍——轴线规律的重要性与应用

在航拍这一高端摄影技术中，确保画面的流畅与连贯是至关重要的。为了实现这一目标，遵循轴线规律成为一项核心原则。轴线，也被

称作180度线，不仅是影视拍摄的基础概念，也是航拍中不可或缺的指导原则。它是摄影机与拍摄主体之间的假想线，对于维护画面的空间感和方向感起着举足轻重的作用。尤其在航拍中，空间的自由度相较其他摄影方式更高，遵循轴线规律显得尤为重要。

7.2.1　轴线的3种类型

轴线的正确运用对于确保影视作品中场景的连贯性和逻辑性至关重要，同时也为画面提供了丰富的视觉语言。一般来说，轴线可以分为以下3种类型。

1. 动作轴线

处于运动中的人或物体，其运动路径构成主体的动作轴线。它是由被摄主体的运动产生的一条无形的线，或称为主体运动轨迹。在拍摄一组相连的镜头时，摄像机的拍摄方向应限于轴线的同一侧，不允许越到轴线的另一侧，否则就会产生"越轴"镜头，出现镜头方向上的矛盾，造成画面空间关系混乱。主体运动的速度越快，轴线的作用就越明显。在摄像时，我们应遵守轴线规律，以防止越轴前后的画面不能组接的情况出现。但为了丰富电影画面语言，往往又要打破轴线规律，避免镜头被局限于轴线一侧，而是以多变的视角，立体化地表现客观现实空间。这就需要通过有效手段，或借助一些合理因素，或以其他画面作为"桥梁"进行过渡，既避免越轴现象，又增强画面语言的多样性和丰富性。

2. 关系轴线

关系轴线是由人与人或者人与物进行交流的位置关系形成的轴线。这种轴线是一条直线。关系轴线在摄像实践中使用广泛，尤其在有两个人物的场景中，首先要确定拍摄对象的关系轴线，然后按轴线规律进行机位的确定。

3. 方向轴线

被摄对象静止不动时，轴线由各主体间的连线或主体到背景平面的垂直线决定，称为方向轴线。以拍摄人物为例，被摄人物的直视线就是轴线，将他和对方连接起来的线也是轴线。拍摄时，对于这个人或这两个人，要按照他们之间的轴线规律，在对话轴线的同一侧拍摄，画面组接后就不会改变他们的视线。如前一个镜头在对话轴线的一侧拍摄，后一个镜头在对话轴线的另一侧拍摄，就会形成"越轴"，画面组接后人物之间的关系就混乱了。

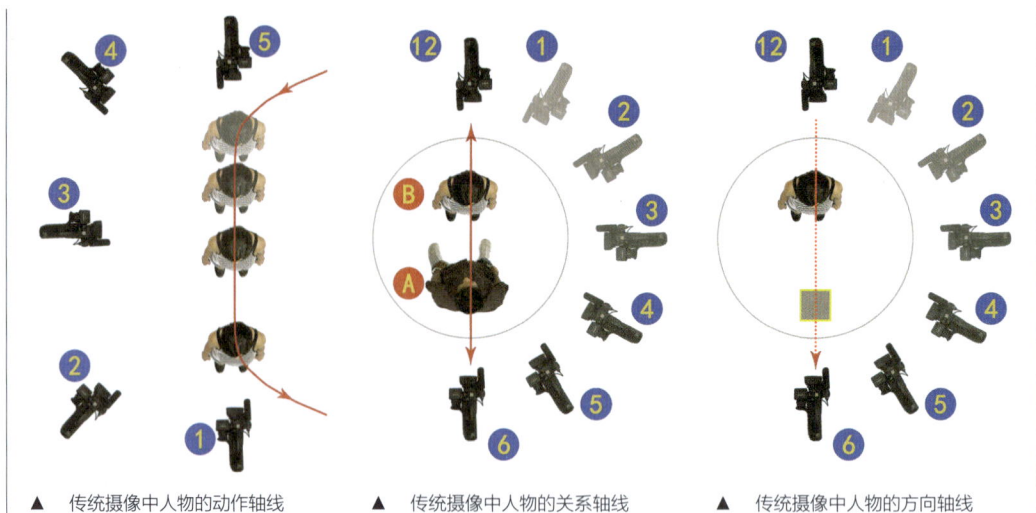

▲ 传统摄像中人物的动作轴线　　　▲ 传统摄像中人物的关系轴线　　　▲ 传统摄像中人物的方向轴线

7.2.2　航拍中轴线的特点

在航拍中，轴线问题主要涉及无人机与拍摄对象之间的相对位置和运动方向，这主要与航拍的特性和轴线的定义相关。这是为什么呢？下面我们来针对3种轴线——分析。

动作轴线：主要涉及被摄主体的运动方向。在航拍中，无人机自身的运动及拍摄对象的运动都可能影响这一轴线。但因为无人机在空中拍摄时，其自身的运动轨迹相对容易控制，所以主要的挑战在于捕捉和跟随地面或其他拍摄对象的动作轴线。

关系轴线：涉及两个或两个以上静态主体之间的假设连接线，核心是其视线方向。在航拍中，由于无人机的高度和视角优势，关系轴线往往不如地面拍摄时那么明显。航拍更侧重于宏观视角，而非微观的人物互动。

方向轴线：涉及处于相对静止状态的人物与他们能看到物体之间的轴线。在航拍中，由于视角的特殊性，这种方向轴线很少成为主要考虑的因素。

航拍更注重捕捉宏观的、动态的、大范围的画面，因此主要涉及动作轴线及无人机与拍摄对象之间的相对位置和运动方向。无人机与拍摄对象之间的相对位置决定了观众看到的画面构图和视觉效果，而无人机与拍摄对象之间的运动方向则决定了观众如何跟随和理解画面中的动态元素。相比之下，关系轴线和方向轴线更多地与地面上的互动和静态场景相关，这在航拍中通常不是主要焦点。

7.2.3　航拍避免越轴的方法

下面我们更深入地探讨航拍中可能遇到的轴线问题及其解决方法。在无人机航拍过程中，一些具体的轴线问题及相应的解决方案如下。

1. 无人机突然改变方向导致的越轴

问题场景：无人机在拍摄过程中突然改变飞行方向，导致前后画面无法顺畅组接。

解决方案：在拍摄前详细规划无人机的飞行轨迹，并在飞行过程中保持稳定的飞行速度和方向。如果需要调整方向，应确保调整后的方向与原始方向在同一轴线上，以保持画面的连贯性。

2. 无人机与拍摄对象之间相对位置发生变化导致的越轴

问题场景：无人机在拍摄过程中升高或降低，或者拍摄对象移动，导致两者之间的相对位置发生变化。

解决方案：摄影师需要密切关注无人机与拍摄对象之间的相对位置，并根据需要适时调整无人机的位置或高度。例如，可以使用无人机的定位系统或者视觉追踪系统来保持与拍摄对象的相对位置稳定。

3. 镜头选择不当导致的画面不连贯

问题场景：使用不适合场景的镜头进行拍摄，如将广角镜头用于近距离拍摄。

解决方案：摄影师需要熟悉各种镜头的特点和使用方法，并根据场景特点和拍摄需求选择合适的镜头和焦距。例如，在拍摄广阔的风景时可以使用广角镜头，在拍摄远处的目标时可以使用长焦镜头。

4. 镜头后期组接不当导致的越轴

问题场景：在后期处理中对画面进行裁剪、旋转或调整时操作不当，导致画面出现不连贯的情况。

解决方案：利用剪辑技巧是后期制作中处理越轴问题的常见方法，应在后期处理中密切关注画面的连贯性和观感。例如，通过插入中性镜头，如天空、云朵等，可以进行过渡，缓和越轴带来的突兀感。特写镜头可以打破空间的连续性，也有助于解决越轴问题。当摄影机跨越轴线后，可以迅速切换到主体的特写镜头，再切回原场景，这样观众就不易察觉到越轴的发生。

需要注意的是，尽管轴线规律在航拍中非常重要，但有时候为了创意和特定的视觉效果，摄影师可能会有意跨越轴线。在这种情况下，摄影师需要确保观众能够理解并接受这种转变，不会因此感到困惑或不适。因此，摄影师在创作过程中应始终明确自己的创作意图，确保最终呈现的效果能够为观众带来良好的视觉体验。无论是遵循还是打破轴线规律，都应以提升作品的艺术性和观赏性为目标。

项目一 拍摄制作《在校园重逢》

● 预备知识

在进行本项目之前，学生应掌握无人机的基本操作技巧和安全飞行规范；场面调度的基本概念和原则，包括动作轴线、关系轴线和方向轴线的理解与应用；影视剪辑和后期制作的基本技巧。

表7-1所示的脚本中将拍摄两位已经毕业的同学，再次在昔日熟悉的校园内重逢的故事。

表7-1 《在校园重逢》校园航拍分镜头脚本参考

镜号	景别	镜头运用	分镜头画面	内容描述	音乐音响	时间/秒
1	中	推镜头	校园道路	从道路远处推近，逐渐呈现两位学生分别走在校园的路上	轻松的背景音乐	2
2	近	跟镜头	学生的脸庞	无人机跟随其中一位学生，捕捉到他/她期待的表情	步伐声，心跳声加大	1.5
3	近/特	移镜头	两位学生的手	学生的手从背后伸出来，准备拍打对方的肩膀	欢笑声，轻快的音乐	2
4	中	推镜头（越轴）	重逢的瞬间	两位学生在校园角落里重逢，拥抱并高兴地聊天	温馨的乐曲，欢呼声	3
5	近	静镜头（特写）	学生的笑容	特写镜头捕捉两位学生灿烂的笑容，充满喜悦和激动	欢笑声，快乐的对话	2
6	远/中	拉镜头（越轴）	校园与重逢的背景	无人机拉远拍摄两位学生所处校园中的背景，强调重逢的环境	清新的乐曲，鸟鸣声	3
7	近	推镜头	两位学生坐在一起聊天	无人机推近拍摄两位学生坐在校园里的长椅上，重温过去的点滴，互相分享	轻松的对话声，背景音乐	2.5
8	特	静镜头	学生手中的合影照片	其中一位学生拿出过去的合影照片，两人一起回忆。照片中的他们与现在的他们形成对比	回忆的音乐，轻微的翻页声	1.5
9	中	旋转镜头	两位学生在校园的道路上走动	无人机围绕两位学生旋转拍摄，他们一起走在校园的小道上，重温过去的时光	自然的人声、脚步声，背景音乐	2.5
10	近	跟镜头	两位学生告别的场景	两位学生在校园里的某个地方告别，握手、拥抱，充满感慨	深情的乐曲、微风声	2

● 项目目的

让学生能够熟练运用场面调度的基本原则，合理规划航拍摄像机的位置、角度和运动轨迹；提升航拍技巧和场面调度的能力；培养团队协作精神和创意思维能力，从而最终成为优秀的航拍摄影师，为观众呈现情感丰富、画面流畅的航拍作品。

● 实践内容

（1）场地勘察与规划：小组进行实地勘察，了解场地布局、光线条件等因素，为后续拍摄制订计划。

（2）故事板制订：小组讨论并确定故事情节，制订初步的故事板。

（3）实地拍摄：根据故事板，小组进行实际的航拍操作。确保遵循场面调度的基本原则，如动作轴线、关系轴线和方向轴线的应用。通过多角度、多高度的拍摄，捕捉丰富的画面。

（4）后期制作：将拍摄所得的素材导入后期制作软件，进行剪辑、音效设计等操作，确保画面流畅、情感丰富。

（5）作品展示与评价：完成作品后，进行小组内部的展示与评价。每个成员分享自己在项目中的心得与体会。

● 项目要求

（1）确保航拍过程中的安全，严格遵守飞行规范。

（2）在拍摄中，遵循场面调度的基本原则，特别是轴线规律。

（3）鼓励团队成员之间的沟通与协作，确保项目顺利进行。

（4）对于最终作品，要求画面流畅、情感丰富、剪辑得当。

通过本项目，学生不仅能够加深对场面调度的理解，更能提升航拍技巧，培养对空间的敏感度和对情感的把握能力。希望学生在实践中不断训练技巧，发掘创意，为航拍这一领域注入更多的活力与新鲜元素。

项目二　制作航拍轴线规律教学片

● 预备知识

在进行本项目前，学生需掌握无人机的基本操作技巧，包括起飞、悬停、飞行等，初步了解摄像场面调度的概念，包括空间调度、时间调度和元素调度等；知晓航拍中的基本轴线规律，包括动作轴线、关系轴线和方向轴线的概念。

● 项目目的

加深学生对航拍摄像场面调度的理解，掌握基本规律；提升学生运用轴线规律进行航拍实践的能力，确保画面流畅连贯；培养学生的团队协作精神和创新意识，通过小组合作完成一部教学片的拍摄和制作。

● 实践内容

（1）理论学习：组织学生进行场面调度和轴线规律的理论学习。可以通过讲解、案例分析等方式，使学生全面了解场面调度的基本原则和轴线规律的应用。

（2）脚本编写：小组团队合作，根据所学理论知识，编写一部讲解航拍轴线规律的教学片脚本。脚本应包括故事情节、场景设置、解说词等内容。

（3）实地拍摄：依据脚本，小组进行实地航拍。确保在航拍过程中严格遵守轴线规律，并通过实践体会轴线规律在航拍中的应用。

（4）后期制作：将拍摄的素材进行剪辑、配音、配乐等后期制作。在剪辑过程中，注意画面的流畅性和连贯性，突出轴线规律的应用效果。

（5）教学片展示与交流：完成教学片后，组织学生进行教学片的展示和交流。各小组分别展示自己的作品，并分享在制作过程中的经验和收获。

● 项目要求

（1）在航拍实践中，学生应严格遵守安全飞行规范，确保飞行安全。

（2）教学片的脚本编写应简洁明了，重点突出，便于观众理解和学习。

（3）实地拍摄时，学生应充分应用场面调度和轴线规律，确保画面的流畅性和连贯性。

（4）后期制作要求精细、专业，音效、画面等要素应与教学内容相符合。

（5）学生在教学活动中应积极参与、互帮互助，展现出良好的团队协作精神。

通过本次制作航拍轴线规律教学片的活动，学生能够更深入地理解摄像场面调度和基本规律，并掌握其在航拍中的应用技巧。这将有助于提升学生的航拍技术水平，并培养他们在影视制作领域的专业素养。希望学生能够通过实践活动，不断探索和创新，为航拍创作注入更多活力和创意。

问题与思考

1. 什么是场面调度？它在影视拍摄中有何重要性？

2. 简述场面调度的源流及其发展过程。

3. 什么是轴线规律？解释轴线的3种类型。

4. 为什么在拍摄过程中需要避免越轴？有哪些方法可以避免越轴？

5. 如果在拍摄过程中不小心越轴了，有哪些解决方法？这些方法各自有何优缺点？

基于问题与思考的微课视频（参考）

场面调度在影视拍摄中有何重要性

场面调度的源流及其发展过程

什么是轴线规律

摄影技巧避免越轴

拍摄过程中越轴的解决方法

08

学习单元8　第一个作品——设计分镜头脚本并拍摄作品

迷路的工蜂会和守卫蜂

学习单元导引

—— **学习目标**

知识目标

1	理解分镜头脚本的重要性和在航拍创作中的应用
2	掌握如何通过分镜头设计提升航拍作品的艺术价值
3	学会控制故事节奏，进行有效的航拍叙事

能力目标

1	能够设计符合主题和情节的航拍分镜头脚本
2	能够运用多样化的镜头语言和艺术手法进行创意拍摄
3	能够合理控制故事节奏，制作具有吸引力的航拍作品

素养目标

1	培养审美能力和艺术创造能力
2	明确学习目标，提高学习效率
3	增强对航拍作品叙事和节奏把控的敏感度和创造力
4	建立团队意识，提高团队协作能力

—— **训练项目**

| 1 | 分析优秀的航拍作品及其分镜头设计 |
| 2 | 设计并拍摄一个有故事情节的航拍短片 |

—— **单元结构**

8.1	航拍——深入把握剧本内容，提升作品艺术价值
8.2	分镜头设计中的重点
8.3	故事节奏的控制

最常见的故事脚本常以剧本形式出现，完全用文字写成，清楚地描述人物特征、时间地点、事件始末，以及行为与对话。这种形式的脚本是最基础的，也是我们尝试的起点。在此基础上，"分镜头脚本"（导演剧本）将文字内容转换为一系列具体的镜头，为现场拍摄提供详尽的指导。

本单元将讨论如何从一个简单的故事脚本出发，逐步构建出一个能够实际拍摄的分镜头脚本。分镜头脚本不仅是导演为影片设计的施工蓝图，而且是影片摄制组各部门理解导演具体要求、统一创作思想、制订拍摄日程计划和测定影片摄制成本的依据。它通常采用表格形式，格式灵活，可以根据需要调整详细程度。有些详细的分镜头脚本还附带画面设计草图和艺术处理说明等，帮助团队更好地理解和执行导演的创意。

8.1 航拍——深入把握剧本内容，提升作品艺术价值

随着科学技术的飞速发展，航拍作为特殊的拍摄手段，在电影、广告等多种媒体形式中扮演着越来越重要的角色。然而，单纯依赖技术并不足以成就一部杰出的航拍作品。为了提升航拍作品的价值与影响力，航拍摄影师必须深入理解剧本内容，并精确把握主题、情节结构和艺术风格。

资源链接：
航拍——深入把握剧本内容，提升作品艺术价值

8.1.1 主题与主题思想：赋予航拍作品深刻内涵

主题是任何作品的灵魂，它代表了作品所要表达的核心思想。在航拍中，主题常常与大自然、城市景观、人文环境等紧密相连。一个清晰明确的主题能够为观众带来深刻的体验。例如，若剧本主题是环保，航拍可以高空捕捉被污染的水源、被砍伐的森林等画面，从独特的视角呈现人类对自然的影响。

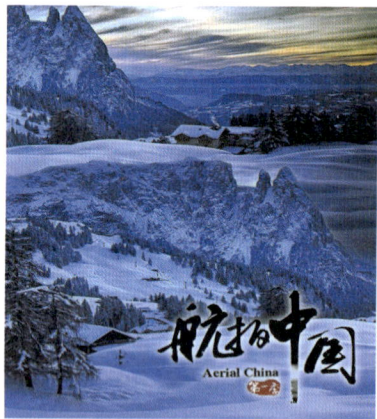

▲ 《航拍中国》是中央广播电视总台推出、央视纪录国际传媒有限公司承制的航拍纪录片，以空中视角俯瞰中国，共计34集，包括《航拍中国第一季》《航拍中国第二季》《航拍中国第三季》《航拍中国第四季》。该片犹如一本地理教科书，让观众在观看的同时，重新发现中国地理图景，不仅看到当下祖国的秀美河山和建设成就，也能看到科技进步为祖国发展续写出新篇章。该片不仅是"云端旅游""空中看景"，更是爱国情怀的当代写照，用"润物细无声"的方式，把热爱祖国的概念融入神州大地的景色之中，用影像将国家主旋律和普通百姓的日常生活进行客观呈现，在河川山林之间，在生活的柴米油盐之中，凸显对祖国的热爱和赞美

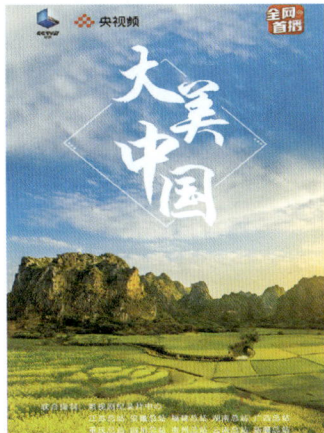

▲《大美中国》是由影视剧纪录片中心联合中央广播电视总台，以及四川、重庆、江苏、福建、贵州等10个地方总站精编而成的纪录片。片中将镜头聚焦于各省具有代表性的春季美景、云海奇观，以及野生动物回归自然的景象，呈现出在这春暖花开的季节人们尽享美好生活的图景。其中，《大美中国·春天系列》率先播出，它以每集5分钟的微型纪录片形式呈现，片中地点的选择尽显用心，布设东西南北，让百花竞放、鸟鸣春涧、梯田水满、万仞云霄的盛装春色次第展开，使观众深切地感受到特色万千的春的信息和春的问候

▲《鸟瞰中国》是由中国五洲传播中心与美国国家地理频道联合拍摄的纪录片，该片共两集，讲述了从高空视角纵览中国大江南北生动的社会人文，展现了一个壮丽多姿的美丽中国。《鸟瞰中国》纪录片非常令人震撼，无论在音乐配置、场面设计方面，还是在历史题材构思及对现今中国社会发展的全面探索方面都是首屈一指的力作

▲《鸟瞰地球》是一部BBC（British Broadcasting Corporation，英国广播公司）拍摄的自然类纪录片。该片透过鸟儿的迁徙之旅探索一个不一样的地球，用奇妙的空中视角展现地球。节目制作周期历时3年多，运用了最新技术和复杂的拍摄技巧。所有情节均以鸟瞰的视角展开，展现了不同季节壮美的风景和众多野生动物活动的情况

主题思想是主题的延伸，它代表了作品希望传递给观众的具体信息或思考。通过特定的拍摄技巧，如角度选择、光线应用等，航拍能够进一步深化主题思想。通过航拍作品对比繁华的城市与宁静的乡村，不仅可以展现出两者的差异，还能引发观众对于均衡发展的深思。

8.1.2　情节结构：以视觉语言推动情感与情节的高潮

情节结构是作品的骨架，它确保了作品从起始到结束都有明确的情感与情节走向。在航拍中，情节结构的掌握尤其体现在场景的选择上。根据剧本的需求，摄影师必须选择恰当的拍摄地点、时间和角度，确保视觉语言与情节发展相匹配。例如，在历史与现代交织的城市中，通过航拍捕捉历史建筑与现代高楼的和谐共存，能够巧妙地展现城市发展的轨迹。

8.1.3　艺术风格与艺术特色：展现摄影师的创作魅力

色彩、构图、光线等元素，都是展现艺术风格和艺术特色的关键。不同的艺术风格，如浪漫主义或现实主义，都为航拍创作提供了广阔的想象空间。若选择浪漫主义风

格，画面中的色彩可以更为柔和、丰富，光线处理更加温暖，以呈现如梦似幻的自然美景。而若选择现实主义，色彩则更偏向真实，构图更偏向客观，力求将现实原貌呈现给观众。

此外，艺术特色也是航拍作品中不可或缺的一部分。通过独特的构图设计，如三分法构图、黄金分割构图等，可以进一步加强画面的视觉效果，为观众带来更大的视觉冲击。同时，镜头艺术特色和风格的选择也应与之相匹配，如选择固定镜头、运动镜头、综合运动镜头等，从而确保航拍作品既符合原始创意，又能展现摄影师的独特艺术追求。

▲ 航拍作品中，高铁列车在一片雾气氤氲的高架轨道上飞驰而过。把握好黄金一小时（日出日落时分）的有利时机，阳光从地平线刚刚崭露头角，将高铁列车、升腾的雾气、远处的云朵渲染出了金色。作品以黄色、紫色这对互补色为主色调，采用对角线构图及侧光拍摄，将高铁的现代科技与古老神秘的土地联结并交织在一起

▲ 航拍作品中，高速公路的立交桥仿佛有了生命力，与亿万年才形成的喀斯特地貌紧密结合在一起，人造的有秩序的基建设施与自然的无秩序的层叠山峦互相映衬，新的大动脉为古老的土地注入新的生机。作品远处写意，近处写实，立交桥位于画面中心，采用中心构图及侧逆光拍摄，画面下方的油菜花田为画面增添了一抹亮色

航拍不仅是一项技术活动，更是一种艺术创作。对于航拍摄影师而言，深入了解剧本的每一个细节，确保拍摄技巧与创意和剧本完美融合，是创作出杰出作品的关键。在这个过程中，不仅技术和经验发挥着重要作用，摄像师对艺术的热情和对作品的追求也同样重要。只有当这些元素完美结合时，航拍作品才能真正地触动人心，成为不朽的视觉杰作。

8.2   分镜头设计中的重点

在众多出色的航拍作品中，《航拍中国》无疑是一颗璀璨的明珠。它不仅通过高空视角展现了中国的壮美风光，更深入到了每一块土地的背后，揭示了文化与自然的和谐共生。那么，在这样的高水平作品中，航拍分镜头设计又有哪些

资源链接：
分镜头设计中的
重点

值得我们深入探讨的重点呢？

8.2.1　创意与主题的紧密结合

《航拍中国》的每一集都围绕一个省（自治区）的自然与人文特色的主题展开，如"大自然的赞歌""城市的繁华与宁静"等主题。在分镜头设计中，创意与主题的紧密结合是关键。每一个镜头都需围绕主题展开，确保观众在观看过程中能够深刻体会到主题所要传达的情感和信息。

8.2.2　精选的拍摄地点与场景

《航拍中国》之所以能够深入人心，与其精选的拍摄地点和场景密不可分。为了呈现真实的中国风貌，摄制组走遍了全国各地，捕捉到了最具代表性和特色的场景。这提醒我们，在设计航拍分镜头时，深入挖掘拍摄地点的特色和美感，是确保作品引人入胜的关键。

8.2.3　多样化的镜头语言

航拍为镜头语言带来了无限可能。在《航拍中国》中，我们可以看到推、拉、摇、移、旋转等多种镜头运动方式的巧妙运用。不同的镜头语言，为画面带来了不同的情感和节奏。例如，通过快速的推镜头展现城市的繁华，或通过缓慢的旋转镜头呈现大自然的宁静。

8.2.4　光线与色彩的艺术处理

光线和色彩是决定画面氛围和情感的重要因素。《航拍中国》中，光线和色彩的处理都显得非常精致。在呈现自然风光时，光线常常柔和而温暖，色彩丰富且饱满；而在展现城市风貌时，光线则更为硬朗，色彩更为简洁明快。对光线和色彩的准确把握，为作品注入了丰富的情感。

8.2.5　节奏与音乐的完美融合

《航拍中国》中，镜头的节奏与背景音乐完美融合。快速剪辑和紧张的音乐相配合展现城市的繁忙，而缓慢的镜头动作与悠扬的音乐相配合呈现乡村的宁静。这种节奏与音乐的完美融合，为作品带来了张弛有度的观感体验。

8.2.6 留意每一个细节

在《航拍中国》这样的高水平作品中，每一个细节都得到了精心的处理。无论是画面中的一个小元素，还是声音效果的一个微妙变化，都能够为作品加分。这提醒我们，在设计航拍分镜头时，要留意并处理好每一个细节，确保作品的精致和完美。

总的来说，《航拍中国》为我们展现了航拍分镜头设计的艺术之美和技术之巅。我们应当深入学习其精髓，结合自己的创意和技术，创作出更多出色的航拍作品，为观众带来更为震撼的视觉体验。

8.3 故事节奏的控制

航拍作为影视创作的一种手法，赋予了画面以独特的视角和质感，进一步丰富了故事叙述的层次。以《航拍中国》为例，这部作品成功地将航拍技巧与故事性内容结合，为观众呈现了一部视听盛宴。

资源链接：
故事节奏的控制

8.3.1 发掘地域故事

《航拍中国》通过航拍技术，深度发掘了中国各地的自然风貌、人文景观及背后的地域故事。以外在节奏的跃动展现风景之美，更通过解说和配乐，呈现出每个地点背后的历史文化和人物故事，形成内在节奏的旋律。

▲ 北京居庸关长城，《航拍中国》第四季 第1集 北京

例如，当画面飞越长城，观众不仅看到了它的雄伟壮观，更通过解说了解到长城的历史意义和建筑特色，形成了视觉与听觉、外在与内在节奏的完美融合。

8.3.2 人与自然和谐相处的故事

《航拍中国》还通过航拍角度，成功展现了人与自然和谐相处的故事。在呈现

▲ 劳作的养蜂人，《航拍中国》第四季 第3集 青海

大自然的壮丽风光时，画面也不忘捕捉人类与自然互动的瞬间。例如，渔民捕鱼的场景、农民耕种的画面，都展现了人与自然的紧密关系。

这种呈现方式，使得外在的视觉节奏与内在的情感节奏达到和谐统一。观众在欣赏大自然美景的同时，也能感受到人们对自然的敬畏和依赖。

8.3.3　节奏的起伏与变化

整部作品在节奏控制上也做得十分出色。从繁华的城市到宁静的乡村，从高耸的山川到深邃的河流，每一个场景都有其独特的节奏。快节奏的城市风光与慢节奏的乡村生活形成鲜明对比，为观众带来了丰富的视听体验。

▲ 彩虹中的极限运动，《航拍中国》第四季 第4集 湖北

综上所述，《航拍中国》成功地将航拍技术与故事叙述相结合，通过外在的视觉节奏与内在的情感节奏，为观众呈现了一个丰富多彩的中国。这也再次证明，在航拍创作中，故事性和节奏是作品成功的关键要素。

项目一　设计某企业航拍宣传片脚本

初升太阳的映照下，花坛中的绿植生机盎然，展示了企业对生态环境的重视。建筑外墙的现代设计与传统元素交相辉映，见证了企业的创新历程。员工们在室外讨论、合作，互动密切，凸显了团队的合作精神。广场上，人们或休息、或交流，享受着工作与生活之间的和谐平衡。物流车辆穿梭忙碌，显示着企业高效、严谨的物流系统。新颖的产品与大自然完美融合，凸显了企业的研发实力。企业大楼与城市景观的交织，共同构筑都市的天际线，象征着企业与城市共同发展的愿景。运动场上，员工们正在进行团建活动，彼此竞争、互相鼓励，又一次体现了企业的团队精神。整个园区绿意盎然、活力四射。这片土地上的每一个细节，都承载着企业的梦想与期望，展现了企业园区的美丽与活力。参考脚本如表8-1所示。

表8-1 《某企业航拍宣传片》航拍分镜头脚本设计参考

镜号	景别	镜头运用	分镜头画面	内容描述	配音	音乐音响	时间/秒
1	远	旋转上升镜头	企业园区全景	旋转上升展示园区整体美景	"晨曦中的园区，宁静而庄重，新的一天从这里开始。"	激昂的乐曲	5
2	远	推镜头（由远至近）	草坪与雕塑	推近镜头聚焦草坪上的雕塑	"绿意盎然，每一步都走在自然的怀抱中。"	轻松的背景音乐	4
3	近/特	晃动镜头	建筑外墙细节与材质	晃动镜头捕捉建筑外墙的细节与材质	"建筑不仅是砖石水泥，更是智慧与汗水的结晶。"	建筑音效、背景音乐	4
4	中/全	跟镜头	员工在室外讨论的场景	跟随镜头捕捉员工在室外讨论的瞬间	"这里，每个角落都充满了合作与创意的气息。"	环境音效、人声讨论音效、背景音乐	5
5	远/特	拉镜头（由近至远）	室外活动广场与设施	拉远镜头展示室外活动广场与设施	"宽阔的广场，是员工放松心情、交流思想的理想之地。"	人群音效、背景音乐	5
6	近/特	推镜头	企业标志与旗帜特写	推近越轴镜头，突出标志与旗帜	"旗帜高扬，我们的目标与理想随风飘扬。"	风声、旗帜飘动音效、背景音乐	4
7	中/全	平移镜头	室外物流车辆与运作场景	平移镜头捕捉物流车辆在室外的运作场景	"繁忙的物流，背后是严谨的管理与高效的团队。"	车辆音效、背景音乐、人声指令音效	5
8	近/特	侧移镜头	产品在室外的应用展示	侧移镜头聚焦产品在室外的实际应用场景	"在这里，产品与大自然融为一体，为生活带来便利。"	新颖的音效、背景音乐、产品操作音效	4
9	全/远	拉镜头（由近至远）	企业总部大楼与周边道路景观	拉远镜头展示企业总部大楼与周边道路景观	"大楼拔地而起，与城市共同书写未来的篇章。"	城市交通音效、背景音乐渐弱	6
10	近/特	旋转镜头	室外花坛与绿植	旋转镜头展示花坛与周围的绿植	"这片绿意，是我们用心呵护、与自然共处的见证。"	花鸟音效、背景音乐	4
11	中/全	推镜头（由远至近）	室外休闲座椅与景观灯	推近镜头聚焦休闲座椅与景观灯	"每个细节，都蕴藏着我们对完美追求的执着。"	环境音效、背景音乐	4
12	远/特	拉镜头（由近至远）	室外运动场与活动人群	拉远镜头展示运动场与活动的人群	"运动场上，我们挥洒汗水，追求卓越与突破。"	人群音效、运动音效、背景音乐	5

续表

镜号	景别	镜头运用	分镜头画面	内容描述	配音	音乐音响	时间/秒
13	近/特	推镜头	室外宣传栏与信息展示	推近越轴镜头，突出宣传栏与信息展示	"信息在这里传递，知识在这里分享，智慧在这里生长。"	人群音效、背景音乐、信息更新音效	4
14	中/全	平移镜头	室外停车场与车辆排列	平移镜头捕捉停车场与整齐排列的车辆	"秩序与安全的背后，是我们对每一个细节的严格把控。"	车辆音效、背景音乐、人声指令音效	5
15	全/远	拉镜头（由近至远）	企业园区全景与周边自然景观	拉远镜头展示企业园区全景与周边自然景观	"这片土地，承载了我们的梦想，展望着更美好的未来。"	环境音效、背景音乐渐弱、风声等自然音效	7

以上脚本表现的各航拍镜头中规中矩，更倾向于企业形象及环境的展示。在拍摄企业宣传片前，我们需要与该企业进行充分的沟通，确定哪些画面内容是对方感兴趣或希望展现的，从而筹划如何通过航拍镜头将其呈现出来。以此为基础，可参考以上脚本，让航拍的镜头语言更丰富、画面组接更流畅。

项目二　航拍短视频

有些短视频为了追求新、奇、特，有较多极限运动的航拍画面，其航拍短视频的创意、拍摄技巧、画面组接等方面有许多值得我们借鉴的地方。

1. 特写接全景或全景接特写

航拍网络短视频中经常出现"特写接全景"或"全景接特写"，这是一种镜头语言的组合方式，指的是在电影或视频中，先给一个特写镜头，紧接着再给一个全景镜头，或者调整两者的先后顺序。

特写镜头通常聚焦于角色的面部或物体的细节，以突出情感或信息；而全景镜头则展现更广阔的场景，如环境、背景等。这种镜头语言的组合通常用于强调对比、引导观众的视线或者传递某种特定的情感或信息。这样的组合方式能够让观众更加深入地理解角色的情感状态，同时也能够更好地理解角色所处的环境，能够为作品增添层次感和深度。

2．动接动

通过分镜头脚本不难发现，画面中不是运动镜头进行拍摄，就是画面中的人或物在运动中。这是航拍网络短视频的技巧吗？背后有什么理论支撑？

镜头组接的规律主要包括动接动、静接静、动接静、静接动。这里我们主要讨论"动态镜头"或"运动镜头"。它主要涉及在画面中捕捉人物或物体的动态，即在他们移动时进行拍摄。而两个运动的镜头连接在一起时，能够形成流畅的视觉效果，因为它们共享相似的运动轨迹和速度。观众更容易被动态的事物所吸引，所以这种组接方式往往能够引起观众的注意，并增强视频的节奏感。

视觉动态理论认为，动态的视觉元素更能吸引观众的注意力，因为它们在变化，这符合人类视觉系统的自然反应。动态元素更能引发人们的兴趣，使观众更愿意观看和参与。通过展现人物或物体的动态，观众能够更好地体验到其所展现出的情感和情绪。这样可以更好地讲述故事，引导观众理解故事的发展和角色的动机。例如，通过跟随角色移动的镜头，观众可以更好地理解角色的行动和动机，从而更深入地参与故事。

组接方式的理论建立在对观众视觉和心理反应的理解之上。通过合理运用这些理论，可以更好地通过不断变化且有节奏韵律的画面引导观众视觉，推动观众跟随画面由一种情绪转换到下一种情绪，从而进一步增强视频的表现力和吸引力。

⚙ 问题与思考

1．在设计分镜头脚本前，为何需要先把握剧本的主题、主题思想和情节结构？这些元素如何影响分镜头的设计？

2．如何通过分镜头设计体现作品的艺术风格和艺术特色？请举例说明。

3．在分镜头设计中，如何确保遵守法律、法规和公告，以及部分城市的特定规定？

4．故事节奏在影视作品中起到什么样的作用？为什么它对于分镜头设计很重要？

5．如何实现外在节奏与内在节奏的融合，以创造出一部和谐且引人入胜的影视作品？

基于问题与思考的微课视频（参考）

设计分镜头脚本前的工作	如何通过分镜头设计体现艺术风格	无人机分镜头如何设计	故事节奏在影视作品中起到什么样的作用	如何实现外在节奏与内在节奏的融合

技术实务 篇

09

个人航拍

学习单元导引

—— 学习目标

知识目标

1	理解个人航拍的特点和拍摄技巧
2	掌握生日、婚礼和旅游等个人航拍场合的拍摄方法
3	学会运用曝光、白平衡和声音采集提升航拍作品质量
4	了解如何构建航拍影片的故事性

能力目标

1	能够根据不同场合进行有针对性的航拍规划与拍摄
2	能够运用航拍技术捕捉生命中重要时刻的美丽瞬间
3	能够通过构建故事性，提升个人航拍作品的情感表达和艺术效果

素养目标

1	培养审美能力和艺术创造能力
2	明确学习目标，提高学习效率
3	增强对个人航拍特点和需求的敏感度和把握力
4	建立团队意识，提高团队协作能力

—— 训练项目

| 1 | 实践不同类型的个人航拍活动 |
| 2 | 创作富有故事性的个人航拍视频作品 |

—— 单元结构

9.1	生日航拍
9.2	婚礼航拍
9.3	旅游航拍

个人航拍是一个让无人机技术与个人生活重要事件紧密相连的领域。本单元将通过生日、婚礼和旅游这3个特别的场景，探讨如何利用航拍技术增强这些时刻的意义和记忆。为什么选择这3个场景作为切入点呢？因为每一种场景都有其独特的拍摄技巧和创意要求，无论是镜头语言的运用、曝光与白平衡的把控，还是声音的采集和故事性的构建，都对航拍摄影师提出了不同的技术要求。也正是这3个典型工作任务各自呈现了不同的挑战和机遇，让我们能够在完成这些任务的过程中全面掌握航拍的艺术与技巧。

9.1 生日航拍

生日是人生中特殊的日子，许多人希望在这一天留下美好的回忆。航拍作为一种独特的拍摄方式，可以为生日庆祝活动增添新的视角和更多现代潮流元素。下面将分别介绍在生日航拍中的拍摄技巧与镜头语言、曝光与白平衡的重要性、声音采集的魅力及影片的故事性构建。

资源链接：
生日航拍

9.1.1 拍摄技巧与镜头语言

在生日当天进行航拍时，技巧的使用尤为重要。为了捕捉到最真挚的情感，我们可以选择在生日主角不知情的情况下进行预先的航拍，记录下他们自然的反应。而当主角望向天空，看到无人机时，那一刻的惊喜与感动，将是航拍中最为珍贵的画面。

▲ 典型的生日场景

通过高空视角，镜头展现了家人和朋友们布置的场景，从气球、彩带到精心准备的生日蛋糕，所有的细节都能呈现出生日的热闹与喜庆。而无人机低空飞行时，可以捕捉到生日主角与亲友的互动、微笑、拥抱、欢笑，这些情感的高光时刻，都值得被一一记录。

▲ 夜晚俯拍室外生日聚会

为了更好地增强视觉冲击力，可以尝试一些大胆的飞行路径和拍摄手法，如急速拉升、俯冲、环绕飞行等，为观众带来不一样的视觉体验。

9.1.2 曝光与白平衡的重要性

生日会现场通常会有各种灯光，这会对航拍镜头的曝光造成一定的影响。航拍无人机应配备足够强大的图像处理系统，以保证在复杂光线环境下仍能准确曝光。摄影师应根据实际的光线情况，灵活调整曝光参数，避免过曝或欠曝，确保画面的明暗细节得以完整保留。

我们在航拍中一般先采用自动曝光补偿模式，再根据现场实际情况与画面的比对，考虑是否手动调整曝光补偿模式。注意：以下情况下一定要手动调整曝光补偿模式，如拍摄白色为主的场景，物体亮部区域较多、强光下的水面、雪景时，要手动调节曝光补偿增加1~2挡；如果拍摄黑色为主的场景，如暗部区域较多的密林、阴影中的物体和黑色物体等，要手动调节曝光补偿减少1~2挡。记住"白加黑减"这个口诀。

白平衡，也就是色温，建议不要设置自动白平衡。白平衡设置为自动，往往会导致画面偏色，在拍摄视频时较为明显。为了确保色彩的准确性，可以选择合适的白平衡预设或手动进行微调，以确保画面色彩能真实还原。航拍露营生日会时，露营场地的光线从日落西山到彩灯点缀，环境的色温发生急剧变化，若采用自动曝光，很可能日落的傍晚画面偏红，彩灯点缀的夜晚画面偏蓝，导致视频前后色调不一致。

9.1.3 声音采集的魅力

为什么航拍无人机上没有录音设备？因为无人机有噪声。无人机的噪声主要来源于其发动机和螺旋桨旋转时对空气的压缩，一般在50~80分贝。不过，具体的噪声水平可能会受到多种因素的影响，如无人机型号、飞行高度、飞行速度、环境温度和湿度等。表9-1所示为分贝级别与现实场景的对应。

表9-1 分贝级别与现实场景的对应

分贝级别	现实场景描述
10分贝	刚刚能听到声音
20~40分贝	轻声说话
40~60分贝	正常室内谈话
60~70分贝	大声喊叫，有损神经
70~90分贝	很吵，长期在这种环境下学习和生活会使人的神经细胞逐渐受到破坏
90~100分贝	听力受损
100~120分贝	使人难以忍受，几分钟就可暂时致聋

对照表9-1进一步思考。我们假设航拍无人机上有录音设备，航拍时录制的声音会是什么样的呢？取中间数值60~70分贝，相当于"大声喊叫，有损神经"。这也就是为

什么航拍无人机上没有录音设备。那么，我们就真的不能现场录音吗？当然也不是绝对的，我们可以使用航拍无人机遥控手柄中的录屏功能录制现场声音。

下面以大疆 RC Pro 控制手柄为例进行航拍录音的讲解。

硬件准备：确保使用带屏遥控器的大疆 RC Pro 控制手柄，并且遥控器支持录屏功能。RC Pro 无录音设备，需外接 Type-C 的耳机来收音，如大疆 mic 无线话筒、毕亚兹（E18）TYPE-C 有线耳机、华为 CM33 TYPE-C 有线耳机、荣耀 AM33 TYPE-C 有线耳机等。

▲ 大疆 mic 无线话筒

▲ 大疆 RC Pro 控制手柄通过 Type-C 接口连接大疆 mic 无线话筒

连接方式：将录音设备通过耳机线或转接器连接到遥控器的 Type-C 接口。

操作步骤：从屏幕顶部向下滑动，找到录屏图标并点击开始录制。

▲ 从屏幕顶部向下滑动，进入下拉菜单

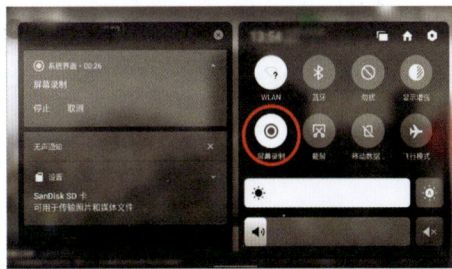

▲ 找到录屏图标并点击开始录制

存储与管理：录制的内容将保存在遥控器的内置存储器中，可以通过文件管理器进行查看和管理。

注意事项：保持稳定的操作姿势，确保大疆 mic 无线话筒电池电量充足，避免录制过程中出现中断。

大疆 RC 小白控（一种带屏无人机遥控器型号）的特殊情况：需要插入内存卡才能录制，并确保录音功能已开启。

精准地捕捉生日现场的欢声笑语、歌声、祝福等声音，这对后期剪辑很有帮助，能够进一步增强影片的感染力，让观众更加深入地感受到生日现场的情感氛围。实时采集的声音成为影片的一部分，每次重温影片，不仅能够看到生日现场的精彩画面，还能够感受到现场的热闹氛围和人们的真情实感。

9.1.4 影片的故事性构建

生日航拍不仅是为了拍照与录像，更是为了讲述这一天的故事。从准备、布置，到

119

生日主角的反应，再到亲友的祝福和欢庆，每一个环

节都是这个故事的一部分。在剪辑时，可以按照时间线进行编排，或者尝试一些非线性的叙事方式，增强影片的悬念和趣味性。然后，通过合理的过渡、特效、字幕等手法，打造一部既有趣又感人的生日影片。

▲ 将生日会上的一个个事件串起来，构建故事性

生日航拍是用一种独特的方式记录人生中的特殊日子的过程。它不仅是对这一天的庆祝，更是对生命、对情感的珍视。希望每一次生日航拍都能让生日主角在多年后仍能感受到当天的温暖与喜悦。

脚本参考1：露营生日聚会	脚本参考2：海滨度假酒店	脚本参考3：别墅生日聚会

资源链接：
婚礼航拍

9.2　婚礼航拍

婚礼是每对新人人生中最期待的日子。航拍，作为现今的热门技术，为婚礼的记录带来了前所未有的空中视角，为每一对新人留下了更为震撼、更为珍贵的回忆。

9.2.1　新人走位设计的重要性

想象一下，当新娘沿着红毯走向新郎，航拍无人机从高空捕捉到这个画面，那种浪漫氛围，仿佛整个世界都在为这一刻祝福。或者，在宴会的高潮，航拍无人机飞过头顶，记录下宾客的欢声笑语和新人的幸福容颜，这样的瞬间，无疑是最为珍贵的。

▲ 典型的绿地婚礼场景

▲ 婚礼是一种仪式，航拍时需要结合走位的细节安排呈现画面

在中国传统婚礼中，新人的每一个动作、每一个走位都蕴含着深厚的文化内涵。而在现代婚礼中，结合航拍技术，更需要对新人的走位进行精心设计。这不仅是为了拍摄效果，更是为了让新人在这一天能够完美地展现他们的幸福和喜悦。

与地面拍摄不同，航拍需要考虑到无人机的位置、角度、高度等因素。因此，与摄影师、摄像师及婚礼策划师的沟通显得尤为重要。只有确保各方紧密合作，才能让新人的走位设计达到最佳状态。

9.2.2　细腻呈现婚礼流程的飞行路线

每一场婚礼都有其独特的流程设计。而航拍的出现，为流程的记录带来了更为丰富的视角和观感。从新娘的化妆、准备，到新郎的期待、紧张，再到两人的宣誓瞬间，每一个流程都可以通过航拍得到更完美的记录和呈现。

为了保证完整记录流程，航拍摄影师需要提前与婚礼策划团队进行深入的沟通，了解每一个

▲ 扣拍，以新人戴婚戒为中心旋转向下

流程的时间节点、关键瞬间，确保不会错过任何一个重要时刻。

飞行路线的选择与设计是航拍的关键所在。对于婚礼航拍而言，如何设计出与婚礼主题相吻合，又能够展现场地特色的飞行路线，是每一位航拍摄影师都需要深入思考的问题。

婚礼在一个开阔的草坪上举行，飞行路线可以设计为围绕草坪的外围飞行，或者是从高空直线下降，直至接近新人。而如果婚礼在一个有山有水的场地举行，飞行路线则可以更为复杂，如沿着山脊飞行，或是飞越湖面，为观众带来不断变化的视角和景色。

9.2.3　捕捉大气的全景

除了新人的近景拍摄，大气的全景拍摄也是婚礼航拍中不可或缺的部分。全景拍摄可以展现出婚礼的整体布局、宾客的规模及场地的特色。而在一些大型的婚礼中，全景拍摄更能展现出婚礼的豪华与气派。

全景拍摄需要考虑到光线、天气等自然因素。天气晴朗时，全景拍摄能够捕捉到蓝天、白云的背景，而黄昏时全景拍摄则可以利用夕阳的余晖，为画面增添一抹金色。

总的来说，婚礼航拍不仅是对航拍摄影师技术的考验，更是对其对婚礼的理解和洞察的考验。只有真正理解了婚礼的意义，才能拍摄出触动人心的瞬间。每一位航拍摄影

师，都是这场婚礼的记录者，更是这对新人幸福时刻的见证者。

脚本参考1：绿地婚礼	脚本参考2：酒店婚礼	脚本参考3：摩托车队婚礼

9.3 旅游航拍

资源链接：
旅游航拍

旅游航拍不仅是技术的展现，更是艺术与旅行的完美结合。在浩瀚的天空中，航拍无人机像鸟儿一样自由翱翔，记录下独特的画面，为旅游者带来前所未有的体验。

9.3.1 打造绝美画面

光线是摄影的灵魂。在旅游航拍中，光线更是创造绝美画面的关键因素。为了捕捉大自然的美景，我们必须学会合理利用光线。早晨是拍摄的最佳时机之一，当太阳刚刚升起时，阳光柔和而温暖，能够为画面带来迷人的色彩和层次感。此时，我们可以选择在山顶等高处进行拍摄，以捕捉太阳与大地的交汇之美。

▲ 壮阔的海岸山峦

除了早晨，傍晚也是不可错过的拍摄时间段。夕阳的余晖洒在海面或山峦之上，形成一幅幅壮美的画面。为了捕捉这一美妙时刻，我们可以在太阳下山之前的一段时间里，选择合适的拍摄位置，利用长焦镜头拉近太阳与大地的距离，呈现出令人惊叹的细节和色彩。

镜头的选择和运动镜头技巧也是航拍中不可忽视的因素。对于旅游航拍而言，长焦镜头和广角镜头都是必备的。长焦镜头可以让我们拉近远处的景色，展现出景物的细腻和质感；而广角镜头则可以拍摄更广阔的视野，展现大自然的壮丽和辽阔。在拍摄过程中，我们还可以结合推、拉、摇、移等不同的镜头运动方式，以获得更加丰富和动态的画面效果。

要想在旅游航拍中创造绝美画面，我们需要关注光线、镜头选择和运动方式等多个方面。只有通过不断的实践和探索，我们才能更好地捕捉大自然的美景，最终的航拍素材才不会遗漏每一处风景。

9.3.2 以安全为前提，精心规划飞行路线

无论航拍技术如何发展，安全始终是重中之重。合法合规的飞行，不仅是对法规的遵守，更是对自然和生命的尊重。我们应对飞行法规有充分了解，对飞行环境有充分的认知。在飞行前，我们应对无人机进行全面检查，并提前申请报备飞行计划。航拍开始后，我们要时刻与地面保持联系，报告飞行状态，确保在任何突发情况下，都能得到及时的援助和支持。

▲ 在无际的盐湖公路上跟拍

飞行路线的设计，如同绘制一幅空中地图。对于飞行路线的选择，应考虑旅游目的地的特色，要看旅游目的地是壮丽的山川、蜿蜒的河流还是古老的城镇。不同的景点，需要不同的飞行策略。例如，飞行于峡谷之间，路线可以沿着峡谷走势设计，展现其深度和立体感；而面对宽广的海洋，飞行路线则可以更为自由，环绕小岛、飞越海浪，展现出海洋的辽阔与浩渺。

但是，无论如何设计飞行路线，安全始终是需要首先考虑的因素。避开禁飞区，确保飞行高度和速度在法规要求范围内，都是无人机操作员必须时刻牢记的责任。

9.3.3 呈现旅行之美——影片的故事性

旅游航拍不仅是记录风景，更是讲述旅行故事的重要手段。每一处风景、每一个地点都有其独特的故事和魅力。在航拍过程中，我们要深入挖掘旅行地的文化内涵和历史背景，将这些元素融入影片中。例如，当我们飞越一座古老的城镇时，可以通过镜头展示城镇的建筑风格、街道布局及居民的生

▲ 云雾缭绕，似仙境的茶乡

活方式等，让观众感受到这座城镇的历史与文化底蕴。同时，配以当地的民间音乐或历史传说，可以进一步增强影片的故事性和代入感，使观众仿佛置身于另一个时空之中。

除了文化元素，自然风光也是旅行中不可或缺的部分。在航拍中，我们要充分利用镜头的语言，展现大自然的壮美和神奇。例如，通过高空视角展现峡谷的险峻、湖泊的

宁静或者瀑布的磅礴气势等，可以让观众感受到自然的伟大力量和无限生机。通过深入挖掘旅行地的文化内涵、自然风光及特色活动和人物等元素，我们可以创作出具有故事性和代入感的影片，让观众在欣赏美景的同时，感受到旅行的魅力和意义。

脚本参考1：山、岛、湖　　脚本参考2：赶路纳木措　　脚本参考3：游历江南古镇

项目一　校园风光中的我

● 主题分析

在"校园风光中的我"这一主题下，我们可以从多个角度和切入点来深入探索和分析。

（1）个人与环境的互动：这是最直接和直观的切入点。通过航拍镜头捕捉自己在校园中的身影，无论是走在林荫道上、坐在图书馆中，还是在操场上奔跑，都可以展现出个人与校园环境的互动关系。这种切入方式强调的是个体在校园中的体验和情感。

（2）空间与布局的变化：从高空俯瞰，校园的空间布局和建筑设计呈现出一种全新的视觉效果。可以观察到校园的各个角落，如教学楼、图书馆、操场、湖泊等是如何和谐共存，形成一个完整的空间体系的。这种切入点更注重对校园的整体感和规划的分析。

（3）时间的流逝：通过航拍镜头，可以捕捉到校园在不同季节、不同时间下的变化，如春天的花开、秋天的落叶、冬季的雪景等。这种切入点可以让人感受到时间的流逝和季节的变化对校园的影响。

（4）活动与事件的记录：校园生活中充满了各种活动和事件，如开学典礼、毕业典礼、运动会、文艺演出等。这些活动和事件是校园生活的重要组成部分，通过航拍镜头可以更全面地记录和展现这些场景。

（5）文化与历史的传承：每个校园都有其独特的历史和文化，这些都可以通过航拍镜头来呈现，如古老的建筑、传统的仪式、历史的遗迹等。这种切入点强调的是校园的

文化和历史积淀。

（6）生态与自然的融合：校园与自然环境紧密相连，如大面积的绿地、树木、湖泊等。这种自然环境与建筑的融合为校园增添了独特的魅力。通过航拍，可以更全面地展现这种自然与人工的和谐共存。

（7）技术与未来的展望：随着技术的发展，航拍已经成为一种常见的拍摄手段。可以展望未来的校园可能因为新技术的引入而发生的变化，如无人驾驶汽车、无人机配送等。

通过以上切入点的分析，我们可以更全面地探索"校园风光中的我"这一主题的深度和广度，从而创作出更具意义和价值的作品。

● **航拍思路与方法**

（1）远景航拍：从高空捕捉校园的全貌，展示校园的布局和特色建筑。这一幕旨在为观众提供一个全面的校园概览，让他们对校园有一个初步的认识。

（2）中景航拍：镜头可以聚焦在校园的某个角落，如图书馆、操场、教学楼等。通过这些场景，展现学生日常的学习和生活状态。例如，操场上学生奔跑的身影、图书馆内专注阅读的学子等。

（3）特写航拍：对于一些标志性的建筑或景色，如古老的钟楼、绿意盎然的草坪、艺术气息浓厚的雕塑等，可以进行特写航拍。这些特写镜头能够凸显校园的文化和历史底蕴。

（4）动态航拍：除了静态的景色，还可以捕捉一些动态的元素，如学生在校园里骑行、跑步、打篮球等。这些动态的画面能够为整个航拍作品增添活力和动感。

（5）夜幕下的航拍：在黄昏或夜晚进行航拍，捕捉校园在灯火阑珊之下的美景。

（6）人物元素的融入：在合适的时机，可以让一些学生或老师参与到航拍中，如在操场上挥舞旗帜、在图书馆中阅读等。这样不仅能让画面更加生动，也能让观众更好地感受到校园的生活气息。

（7）后期制作：在拍摄完成后，通过剪辑和配乐，将各个镜头巧妙地串联起来，形成一个完整的故事线。音乐的选择也很重要，可以选择一些轻快或宁静的音乐，与画面相互呼应，增强情感的表达。

这样的航拍策划，不仅能够展现出校园的美丽风光，还能够展现出校园的文化氛围和活力。这样的作品不仅对在校学生有意义，还能够使有意愿报考该学校的学生和家长对学校有更深入的了解和认识，起到一定的宣传作用。在制作过程中，需要注意安全，确保航拍活动的顺利进行。

项目二　体育场的傍晚庆生

● 主题分析

这个主题聚焦于校园中的体育场，是在傍晚时刻庆祝生日的场景。通过航拍这一独特的视角，我们可以捕捉到体育场在傍晚时分的美景，以及生日庆祝活动的热闹与喜悦。

该主题强调的是时间和氛围。傍晚时分，太阳即将落山，天空呈现出美丽的色彩，体育场内的光线也变得柔和。这样的光线和色彩为拍摄提供了绝佳的背景，有助于摄影师捕捉到体育场中的每一个细节，并为画面增添浪漫和温暖的氛围。

主题中的"庆生"为场景增添了情感元素。通过航拍，我们可以捕捉到学生欢聚的场景，感受到庆祝生日的喜悦和温馨。这不仅对个人是一种特殊纪念，对校园生活也是一种美好记录。

● 航拍思路与方法

（1）开场镜头：以航拍镜头从远处捕捉体育场的全貌，展现傍晚时分的天空和体育场的美丽景色。可以特别关注体育场的灯光、人群和活动，为整个主题奠定基调。

（2）活动细节：逐渐拉近镜头，聚焦在正在进行的活动上。可以捕捉到学生手持蜡烛、唱生日歌、送祝福等温馨的画面。同时，也可以展现体育场内的设施和布局，如看台、草坪、跑道等。

（3）特写镜头：为了更好地传达情感，可以使用特写镜头来捕捉一些细节，如学生脸上的笑容、橘黄色的烛火、飘到天空的气球等。

（4）动态镜头：利用航拍的优势，可以从不同角度捕捉人们的活动。例如，航拍无人机跟随气球升空，俯瞰人们围成一圈跳舞，从高处拍摄跑道上的奔跑等。这些动态的画面能够为整个视频增添活力和动感。

（5）结尾镜头：在视频的结尾处，可以再次以航拍镜头展现体育场的全貌，与开场镜头相呼应，形成一个完整的叙事结构。同时，也可以加入一些温馨的字幕和音乐，强调生日庆祝的美好和意义。

通过以上航拍规划，我们可以更好地把握主题，创作出一个富有情感和视觉冲击力的作品；同时，需要注意安全，确保航拍活动的顺利进行。

项目三　婚庆航拍

● 主题分析

（1）空中视角的独特性：这是婚庆航拍最直接和显著的切入点。通过航拍，我们可以从空中捕捉婚礼的全貌，展现出独特的视觉效果。这种拍摄方式能够为观众带来全新的视觉体验，使婚礼的每一个细节都显得格外精致和美好。

（2）瞬间的捕捉：通过航拍，我们可以捕捉到婚礼过程中重要又美好的瞬间，如新人交换戒指、亲吻等。这些瞬间是婚礼中的精华部分，也是新人一生中最重要的回忆之一。

（3）情感的传达：婚礼不仅是一个仪式，更是一个情感交流和体验的过程。通过航拍镜头，我们可以捕捉到新人和宾客的表情、互动，从而传达出婚礼的浪漫、温馨和喜悦。这种情感的传达能够让观众更加深入地感受到婚礼的意义和价值。

（4）场地与布置的呈现：婚礼的场地和布置是展现婚礼风格和特色的重要元素。通过航拍镜头，我们可以全面展示婚礼场地的布局、装饰和特色。

（5）技术的创新：与传统地面拍摄相比，航拍技术为婚礼拍摄带来了更多的创新和可能性。我们可以利用航拍技术捕捉到一些独特的镜头和效果，从而为整个作品增添视觉冲击力和观赏价值。

通过以上切入点的分析，我们可以更好地探索和理解婚庆航拍这一主题。在创作过程中，需要注意安全问题、沟通与合作及专业技术和设备的支持。只有全面考虑这些因素，才能创作出一个富有情感和视觉冲击力的婚庆航拍作品。

● 航拍思路与方法

1. 多角度拍摄

多角度拍摄不仅有助于呈现婚礼的全方位景象，还可以为观众带来更加丰富的视觉体验。

（1）高空俯拍：从无人机高空视角拍摄整个婚礼现场，展现场地全景，可以捕捉到宾客、场地布置和仪式亭等元素的组合效果。

（2）低角度拍摄：从低位视角捕捉人物和场景的细节，突出婚礼的温馨氛围，如拍摄新娘的婚纱、新郎的领结或是花朵的特写。

（3）空中旋转：在某些关键时刻，如交换戒指或拥吻时，控制无人机在空中旋转，为画面增加动感和视觉冲击力。

（4）时间流逝：在某些场景中，控制无人机缓慢移动或静止来捕捉时间流逝的镜头，如新娘化妆、准备的过程或宾客陆续到场的画面。

（5）互动与参与：邀请宾客参与无人机的拍摄，如在某些环节中与无人机互动、摆出特别的姿势或参与一些趣味性活动。

2. 动态跟随

动态跟随是航拍中常用的一种拍摄手法，通过紧密跟随拍摄目标，捕捉其动态和连续的动作，让画面更加生动和富有张力。

（1）确定跟随目标：在拍摄前，确定好需要动态跟随的目标，如新娘、新郎或特定角色。确保目标在画面中明显可见，并保持一定的距离，以便无人机能够灵活地跟随。

（2）保持稳定：在动态跟随的过程中，保持无人机的稳定是至关重要的。控制无人机的速度和方向，确保画面平滑、不抖动。同时，根据目标的速度和动作调整无人机的飞行速度和高度，以保持紧密跟随。

（3）镜头和焦距：一般来说，使用广角镜头可以捕捉到更多的环境信息和目标动作，而拉近焦距则可以突出目标本身和细节。根据实际情况调整焦距，以获得最佳的拍摄效果。

（4）预测动作轨迹：在拍摄过程中，预测目标的动作轨迹是非常重要的。通过观察目标的移动方向和速度，提前调整无人机的位置和飞行轨迹，确保能够紧密地跟随目标。

（5）抓住关键瞬间：在动态跟随的过程中，抓住关键瞬间，如新娘和新郎拥吻、交换戒指等时刻，可以增强画面的表现力。

通过掌握动态跟随的技巧，可以在婚庆航拍中为观众呈现出生动、流畅的画面效果，突出婚礼的温馨、浪漫氛围。

3. 空中轨迹设计

空中轨迹设计是航拍中至关重要的一环，它决定了画面的流畅度和视觉效果。预先规划无人机的飞行轨迹，使其与婚礼场景、装饰或宾客的位置相呼应，形成独特的视觉效果。

（1）预先规划：在拍摄前，根据婚礼场地、流程和目标镜头的需求，预先设计无人机的飞行轨迹。考虑如何利用地形、建筑和树木等元素，创造出有趣和动态的飞行路径。

（2）高度与速度：选择合适的飞行高度和速度。高度决定了镜头的视角和景深，而速度则影响画面的节奏和动态效果。根据需要，可以设置不同的飞行高度和速度，以获取多样化的视觉效果。

（3）平滑过渡：确保无人机在轨迹变化时，如上升、下降或转向时，能够平滑过渡，避免突兀或生硬的画面切换。

（4）遵循自然流动：有时候，让无人机遵循自然流动的轨迹能创造出更流畅、更自然的画面效果。例如，跟随人流、车队或自然界的风向进行拍摄。

（5）测试与调整：在实际拍摄前，先进行试飞和测试，并根据测试结果进行调整，以达到最佳的拍摄效果。

通过精心的空中轨迹设计，我们可以在婚庆航拍中创造出令人惊叹的画面效果，为新人留下关于婚礼的难忘回忆。

4. 夜景拍摄

如果条件允许，尝试在黄昏或夜晚进行低光航拍，夜景拍摄在婚庆航拍中能够为观众呈现别样的浪漫氛围。

（1）选择合适的时间：在日落后，天空还未完全黑暗的时候进行夜景拍摄时机最佳，此时天空仍有色彩，同时灯光也已亮起。避免在完全黑暗的环境下拍摄，除非有特殊的灯光效果。

（2）设置合适的ISO和快门速度：在夜景拍摄中，需要设置较高的ISO来获取足够的曝光，同时配合较慢的快门速度来捕捉灯光和色彩。根据实际情况进行调整，以获得最佳的拍摄效果。

（3）利用灯光效果：利用场地周围的灯光，如霓虹灯、路灯或烟花等，为夜景拍摄增添色彩和氛围。尝试从不同的角度和高度拍摄灯光，创造出独特的视觉效果。

（4）低光画质优化：确保无人机和相机的低光画质性能良好。一些新型的无人机和相机具有优化的低光性能，可以更好地捕捉夜景中的细节和色彩。

根据上述建议，我们可以在婚庆航拍中成功捕捉到夜景的浪漫与美丽，为新人的婚礼留下独特的印记。

灵活运用学习单元3中的不同构图方式，如对称、对角线或框架构图，使画面更具艺术感和设计感，突出重点和营造氛围。

在设计空中轨迹和动态跟随拍摄中，始终要考虑安全因素，避免进入禁飞区域，确保与其他障碍物的安全距离，以及合理规划无人机的起飞和降落地点。

在后期编辑中，可以利用剪辑技巧进一步调整和完善空中轨迹。例如，通过加速、减速或剪辑跳帧来优化飞行动作和节奏，对夜景画面进行色彩调整、高光和阴影的优化，以及加入适当的音乐和文字注释，增强夜景画面的情感性和故事性。

⚙ 问题与思考

1. 在生日航拍中，如何运用拍摄技巧和镜头语言来突出主角和庆祝氛围？
2. 婚礼航拍中，为什么飞行路线设计和大场景拍摄非常重要？
3. 旅游航拍中，如何确保飞行安全并同时捕捉到精彩的画面？
4. 为什么在生日航拍、婚礼航拍和旅游航拍中都需要考虑影片的故事性？
5. 如何通过声音采集来增强生日航拍影片的观感和情感表达？

基于问题与思考的微课视频

生日航拍如何
突出庆祝氛围

无人机拍摄婚礼
全景

旅游航拍如何
捕捉精彩画面

生日航拍如何
构建故事性

生日航拍影片
声音采集

10

学习单元10　宣传片航拍

一定会有人敢冲上去

学习单元导引

—— 学习目标

知识目标

1 理解宣传片航拍的目的与特点

2 掌握建筑、产品和风景航拍的技巧与策略

3 了解安全飞行的重要性和措施

4 了解不同拍摄对象（建筑、产品、风景）的光线和天气要求

能力目标

1 能够根据不同的拍摄目的选择恰当的航拍技术和方法

2 能够规划并执行安全有效的航拍拍摄计划

3 能够运用构图和运镜技巧提升宣传片的视觉效果

素养目标

1 培养审美能力和艺术创造能力

2 明确学习目标，提高学习效率

3 增强对航拍作品质量和安全性的敏感度和把控力

4 建立团队意识，提高团队协作能力

—— 训练项目

1 分析不同类型的宣传片航拍案例

2 规划并拍摄一个宣传片航拍视频

—— 单元结构

10.1 建筑航拍

10.2 产品航拍

10.3 风景航拍

航拍宣传片在近年来已经成为非常受欢迎的宣传方式。航拍不受地面限制，可以自由地在空中进行拍摄，为企业或组织提供了更大的创意空间。航拍独特的视角和广阔的视野，给观众带来了较为强烈的视觉冲击力，从而增强了观众对宣传片内容的印象，提升宣传效果。

无论是展示建筑之美、产品特点还是瑰丽风景，高质量的航拍都能极大地提升宣传片的视觉冲击力和传播效果。在这一单元里，我们将专注于建筑、产品和风景这 3 种典型的宣传对象，以 3 个典型任务作为切入点，深入挖掘无人机航拍在宣传领域的应用。

10.1　建筑航拍

通过改变观察视角，我们可以为同一场景带来全新的解读，无论是在建筑还是城市尺度上，都能更好地将我们的视觉感知拓宽到整体形象。空中视角打破了我们对环境的常规认知，从而为我们的观察提供了新的维度。

资源链接：
建筑航拍

这种新的视角也让我们能够更好地理解建筑物的细节部位特征。从空中俯视，我们可以清晰地看到建筑物的各种细节设计，如屋顶的形状、墙壁的纹理、窗户的排列等。这种视角的转变使我们对建筑有了更深层次的理解。

10.1.1　建筑物航拍步骤

（1）确定拍摄区域：确定要拍摄的建筑物或场地，这有助于制订规划和准备所需的设备和技术。

（2）选择合适的无人机：根据拍摄需求和预算，选择合适的无人机。需要考虑的因素包括飞行时间、载重能力、操控难度、相机规格等。

（3）准备设备和软件：除了无人机，还需要准备航拍相机、传感器、存储卡、电池等设备，并安装相关的软件以控制无人机和处理数据。

（4）规划航线和飞行高度：在拍摄前，需要规划好无人机的航线和飞行高度。无人机的拍摄高度可以根据拍摄需求灵活调整。例如，拍摄高空建筑时，可以将飞行高度调整到 100 米或更高，以便更好地拍摄建筑的细节和结构。

（5）进行航拍：启动无人机并按照规划好的航线和飞行高度进行航拍。需要注意的是，在进行航拍时需要遵守伦理及相关的航空法规和安全规范，确保拍摄过程的安全。

（6）数据处理和分析：完成航拍后，需要对拍摄到的数据进行处理和分析。这包括将图像和视频转换生成高精度三维模型、测量建筑物的尺寸和形状等。

（7）应用与展示：根据需要将航拍数据应用于不同的领域，如建筑设计、城市规划、土地管理等，并通过各种方式展示出来。

> **小贴士**　根据《民用建筑设计统一标准》（GB 50352—2019），建筑高度大于27米的住宅建筑和建筑高度大于24米的非单层公共建筑，且高度不大于100米的，为高层民用建筑；建筑高度大于100米的为超高层建筑。

10.1.2　飞行安全

要时刻留意飞行安全，尤其是在夜间。城市地标通常位于繁华地段附近，信号干扰比较严重，航拍飞行时应注意以下几点。

（1）利用模拟器来熟悉飞行操作。在设置中选择操作，然后选择室外飞行教学，进入模拟界面，按照提示进行学习。

（2）在开阔且视线良好的环境中起飞。起飞时，应选择空旷、光线良好且周围障碍物较少的环境，需要垂直升高，直到高度超过周围所有障碍物10米后，再进行摇杆操作，以避免因视觉误差撞上障碍物。

（3）避障功能和返航设置。建议在起飞前将避障功能设置为绕行模式，失联后的动作设置为返航，以防止无人机在失去信号后无法自动返回。

（4）避免在室内进行飞行。部分无人机的视觉定位系统可能会因为白色的墙壁或者光线不足而无法准确定位，这将导致无人机在调整姿态时遇到困难。

（5）利用C挡（平稳挡）进行稳定飞行。C挡会限制无人机的速度，新手可以在这个模式下熟悉每个摇杆对应的飞行方向和姿态。

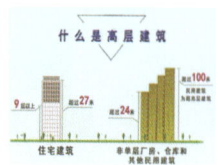

▲　建筑高度类型的划分

▲　利用模拟器来熟悉飞行操作

▲　绕行模式的功能演示图

▲　无人机的C、N、S挡位（图示以大疆Mini4 Pro为例。也可在无人机屏显左上角选择切换挡位）

无人机的C、N、S挡位通常指的是遥控器的3个模式，每个模式都有其特定的速度和功能限制。

C挡（平稳挡）：在这个模式下，无人机的最快时速为5米/秒。这个挡位适合在需要保持稳定的航向或进行精确拍摄时使用。

N挡（普通挡）：这是默认的飞行模式，允许无人机的最快时速达到15米/秒。这个挡位适用于大多数常规飞行任务。

S挡（运动挡）：在这个挡位下，无人机的最快时速可以达到21米/秒。虽然速度更快，但需要注意的是，在S挡下无人机不具备避障功能，因此在飞行前应仔细观察周围环境以确保安全。

在使用S挡时，由于没有避障功能，操作时应更加小心，并在必要时停止飞行以避免意外发生。

（6）合理使用避障功能。许多消费级无人机都配备了避障功能，如大疆Mini4 Pro具有全向避障功能。但请注意，避障功能是基于视觉的，因此在极端情况下可能会失效，如光线不足、电线、风筝线、逆光、玻璃、湖面等场景下，避障功能可能会失效。此外，在S挡（运动挡）下，避障功能也会失效。在穿越云层时，避障功能可能会误判距离，如果在此时的高空启动降落模式，可能会导致无人机失去动力。因此，在飞行过程中，应时刻保持警惕，非必要不要进行侧飞或倒飞。

（7）使用九宫格避障功能法。在飞行前，可以在设置中找到辅助线选项，开启九宫格辅助线。在水平前飞时，只要保证九宫格中心的位置没有障碍物，就可以避免发生碰撞。

（8）注意电量管理。在超视距飞行时，可能会遇到去程顺风、返程逆风的情况。这时去程消耗的电量会比返程时少得多，因此在超视距飞行时，应该在电量还有50%~60%时候就准备返回，避免回程逆风导致电量不足，无法返航。

▲ 已打开九宫格辅助线的无人机屏显截图。此时正水平前飞，利用九宫格辅助线穿越游廊的廊柱

（9）注意极限电量返航。当电量只剩10%时，无人机会发出严重低电量警告，此时无人机会强制下降高度，原地降落。我们可以将左边的摇杆向上推满来减缓无人机的下降速度，但不能提升高度。如果遇到这种情况，最好放弃返航，就近找一个远离人群的位置降落。然后再利用无人机定位功能去寻找无人机，避免强行返航时无人机电量清零，造成炸机。

10.1.3　合适的时间、天气

在建筑航拍中，如果想要拍摄出更加震撼的效果，可以选择黄金时间或者蓝调时间。此时，太阳光线柔和、色彩丰富，可以营造出更加梦幻的效果。如果拍摄的是一个有着玻璃幕墙的地标建筑，日落时幕墙上的反光会非常漂亮。也可以等到夕阳已落但天空还未全暗的短暂时刻，此时城市灯光才开始亮起，这样拍摄出的整个画面，既不会显得太暗，画面又显得较为饱满。如果要拍摄夜景，则应选择晴天且能见度在15千米以上的状态，天空比较通透，天际线不会显得脏暗。

> 小贴士
>
> 　　黄金时间和蓝调时间这两个概念在摄影中很常见，它们都是指一天中太阳与地平线的夹角变化，以及对应的色彩和光线效果。
> 　　黄金时间：太阳与地平线夹角在-4°~6°，这时的光线柔和，天空呈现偏红、橙、黄等暖色调。此时拍摄的照片可以营造出温暖氛围，逆光拍摄剪影或光晕效果最好。

蓝调时间：太阳与地平线夹角在−6°~−4°，这时的天空呈现静谧的蓝色，天空逐渐由暖色调转变为冷色调。此时拍摄的照片蓝色饱和度较高。

▲　黄金时间的航拍图

▲　蓝调时间的航拍图

10.1.4　拍摄角度

拍摄城市地标建筑该如何找到一个好的角度？俯拍、仰拍或者前景拍摄都是不错的选择。拍摄复古类的地标建筑，可以尝试仰拍，让天空当背景，这样可以使整个画面更加干净。对地标建筑来说，大景肯定是少不了的，可以先观察周围的元素，构图时可以使无人机飞行到一个较高的位置，并且将地标建筑放置在镜头中间。将云台设置为45°角拍摄使整个画面主体更加突出，建筑群也更加有层次感。寻找不同的景别，再从各个角度拍摄，从而得到丰富的镜头素材。

10.1.5　运镜及构图

航拍运镜及构图要求摄影师具备良好的空间感知能力、创意构思及精确的操作技巧。我们在学习单元2中介绍了7种基础飞行方式，在此基础上，本节内容将紧密结合建筑航拍场景，着重探讨后拉抬升、前进抬升、前景仰拍、环绕拍摄这几种拍摄手法在实际航拍中的具体运用。

1. 后拉抬升

对于一座巍峨的地标建筑来说，可以尝试进行后拉抬升的运镜拍摄，这样可以更加凸显建筑物的庞大。我们只需要将无人机飞到建筑物的正上方调整云台90°朝下，点击录制，控制无人机缓慢下降，镜头缓缓地抬升。到无人机快下降到和建筑物一样的高度时，这个镜头的拍摄就完成了。注意，在拍摄这个镜头前需要观察无人机的后退方向，看看是否有障碍物。

2. 前进抬升

我们再来拍摄一个沉浸抬升镜头，拍摄比较矮的建筑物时可以让无人机的高度下降一点，选好拍摄位置之后把云台垂直于地面，控制无人机缓慢前进，同时控制云台波轮，让云台缓缓抬升，整个抬升镜头就拍摄好了，拍摄前进抬升镜头需要注意以下两个技巧。

（1）云台抬升的速度一定要慢，在让无人机前飞的同时，我们需要慢慢地控制它，让建筑主体慢慢地出现在画面中，这样能够带来更强的电影感。

（2）拍摄的起始位置一定要为前飞预留足够的距离，这样才能保证在云台完全抬升、展现出建筑主体时不至于离建筑物太近。我们也可以放慢前飞的速度为云台抬升留下充足的时间，这样画面会让人感觉更加舒适。

3. 前景仰拍

在拍摄时，我们可以利用建筑物本身的特点，如我们可将左右两边的阁楼当作前景来拍摄。拍摄前需要调整无人机的位置，前景大概占据1/3的画面，然后点击录制开始拍摄，并且控制摇杆向前或者斜前方飞，让位于前景的建筑物逐渐离开画面，同时后景的画面主体逐渐展现、靠近，这样的运镜组合也会比正常的拍摄方式更具有动感。

4. 环绕拍摄

在展现主体的时候，我们经常会使用环绕拍摄的方式让观众对被摄物体认识得更详细，印象更加立体。操作方式就是控制无人机环绕飞行。

除了拍摄大景以外，如果无人机有变焦功能或者长焦镜头，也可以使用更大倍率的焦段进行环绕，凸显地标建筑表面的细节，让观众仿佛离建筑物更近，能够带来更加震撼的展现效果。如果担心不安全也可以选择一个适中的距离环绕，用较高的分辨率拍摄，后期处理时再用人工放大实现长焦拍摄的效果。

脚本参考1：CBD建筑群航拍	脚本参考2：体育中心航拍	脚本参考3：大型石化企业航拍

10.2 产品航拍

无人机在产品航拍领域的应用已经越来越广泛。产品航拍不仅可以帮助人们更好地了解产品的外观和特点，还可以为广告宣传和营销推广提供大量素材。汽车广告中就常使用各种拍摄技巧和创意来吸引观众的眼球。例如，无人机和汽车结合能够创造出独特的视觉效果，如无人机在汽车上方盘旋、跟随汽车行驶等。此外，汽车广告中还常常使用特效和音乐来增强广告的视觉和听觉效果，如使用特效来突出汽车的特点和风格，使用音乐来营造出强烈的氛围和情感共鸣。

资源链接：
产品航拍

10.2.1 航拍安全

汽车广告需要使用专业航拍设备，当无人机在车辆前方后退和侧方跟随时，图传系统展示不了飞行方向的画面。如果飞行环境较复杂，可以请一名车上的好友作为观察员，随时告知无人机飞行路径上有没有障碍物。最后在汽车的航拍中，请务必留意驾驶及飞行安全，且要在遵守交通规则的情况下拍摄。

10.2.2 光线

汽车广告常会选在清晨或者黄昏时拍摄，可逆着光拍摄，光线在车身上反光，闪闪发亮，充满高级感。如果环境、光线都正好，把车停在安全的地方进行环绕拍摄，也是不错的选择。

▲ 在逆光的街巷中一闪而过，画面呈现较大光比，并采用对冲镜头，视觉冲击感强

拍摄场地也非常重要。旅途中的荒漠戈壁、林间公路都是不错的拍摄场地。出于安

全和拍摄效果考虑，建议尽量在没有其他车辆的空旷道路上拍摄。

10.2.3　开场镜头

汽车广告中很常见的一个表现手法，就是一开始并不直接拍摄车辆，而是在无人机飞行的过程中发现车辆，如无人机飞过山坡，看到行驶的汽车，或者让汽车从山林的树梢后出现。这样的镜头常被用于广告片的开场，在航拍汽车的同时也交代了环境。与之类似的是，汽车广告中无人机将会在跟随汽车的过程中进行飞越，随即拍到远处景色或是在弯道跟车时直飞拍摄远处的风光，将拍摄重点从汽车逐渐变为远处的大景。

10.2.4　扣拍镜头

航拍总少不了扣拍镜头，正扣跟拍汽车在汽车广告中经常用到。另外，也常会控制无人机飞在道路上方，将其原地上升一定高度或稍稍旋转，拍摄汽车从下方驶过，如果遇到急转弯，更是少不了来一个正扣镜头。不管怎么拍，画面都充满几何构成感。

10.2.5　跟随镜头

在汽车的航拍中用到最多的还是各种各样的跟随镜头。

方法1：无人机在汽车的前方同向飞行，偶尔还在飞行的过程中掠过障碍，增加画面的变化，更多的是在汽车后方跟随拍摄，这是汽车航拍中出现概率较高的镜头。

方法2：使用侧方跟随的方法，斜向上拍摄

▲　汽车产品宣传片的开场镜头。无人机从山坡后方快速跃升，沿山坡快速下降，车从画面上方偏右入画。无人机从后侧方快速跟上

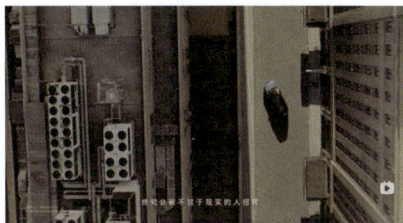

▲　以上两个镜头均以扣拍的方式呈现，一个是展现汽车在狭窄的城市街道上原地掉头，另一个是展现汽车在峡谷中涉水前进。无人机恰好也都在由左向右缓慢飞行，似乎有种在远处不动声色地观察、注视的意味

▲　注意画面前景！在汽车前进方向，即将有一块巨石一闪而过。要的就是"惊险、刺激"

▲　跟随镜头。调整云台水平，使画面倾斜，在视觉上使人感受到汽车正在向上冲的力量感

汽车爬坡的镜头，也是汽车航拍中使用较多的方式。

方法3：更常见的方式是低空飞行，让无人机与汽车同高或无人机略高于汽车，以平视的角度侧向跟随。

方法4：还可以让道路在画面中略微呈现对角线构图，在斜前方或斜后方拍摄，或者在跟随中加上一点小幅度的环绕，让画面更加生动，不死板。

方法5：可让无人机高速飞行、大幅环绕，从车的一侧直接飞到另一侧，这样更能体现速度感。

方法6：无人机沿着道路缓缓前飞，这时汽车从画外疾驰，驶入画面或是直接开出画面。这样无人机慢慢飞行也能拍摄高速行驶的汽车。

跟随是百搭好用的拍摄方法，但在汽车开得较快时，无人机容易跟不上汽车，汽车并不是每时每刻都要保持在画面中，汽车广告中常会有汽车入画和出画的镜头。

10.2.6　对冲镜头

对冲镜头即无人机朝向行驶的汽车进行飞越拍摄。为了使视觉冲击力更强，无人机要尽可能贴近车顶，但也别忘了保持安全距离。

▲ 对冲镜头有节奏地出现，表达了奔放、粗犷、刚强的外在产品形象，同时也表现了产品的自我奋斗、开拓事业、勇往直前的内在精神

10.2.7　结尾镜头

无人机在较高高度前飞的同时，下腹镜头也能得到类似的效果。如果在壮阔的环境中飞行，可以让无人机在汽车后方缓缓跟随或侧向飞行。同时，镜头跟随开远的汽车稍稍上扬云台，拍出目送汽车开远的感觉。

▲ 在远景中，依稀看到车后的滚滚烟尘

与之类似，可以让无人机在路边后退飞行，同时车辆快速向前开，渐远。与刚才镜头不同的是，这个手法更常用于表现车辆的速度感。这两个镜头常被作为广告的结尾。

脚本参考1：家用轿车航拍　　脚本参考2：越野汽车航拍　　脚本参考3：旅游房车航拍

10.3　风景航拍

有山有水的地方往往风景是非常美的，如果无人机运用得好，能拍出很多震撼的场景，获得惊人的视觉效果。例如，云雾缭绕的山再配以波光鳞鳞的水，仿佛让人进入了仙境一样，整个画面给人的感觉非常协调。

资源链接：
风景航拍

10.3.1　季节及天气

无人机航拍与季节之间的关系是密不可分的。不同的季节和气候条件可以给航拍带来不同的效果和美感。例如，在春季和夏季，可以拍摄出翠绿的山林、盛开的花朵和繁茂的草原等自然景观，为航拍作品增添更多生机和色彩。

除了季节之外，无人机航拍也可以展现地方风土人情。通过拍摄当地的建筑、文化、民俗等元素，可以让观众了解到不同地域的文化和历史背景。例如，可以拍摄当地特色的建筑风格、传统的手工艺品、民俗活动等，让观众更加深入地了解当地的风土人情。此外，无人机还可以通过拍摄不同的地貌、河流、山脉等自然景观，来展现当地的地形地貌和自然风光，从而展现出当地的自然美感和魅力。

▲ 随着季节的流转，同样一片大地，会变化出风情万种的韵味

不同的地域和自然环境也影响到了当地的天气。山区的环境气候比较独特，气流较大，上升下降的气流合在一起，如果这时候无人机在空中飞行，就会摇摇晃晃，很难拍出稳定的画面。另外，山区的天气变化多端，时而下雨，时而下雪，还有可能下冰雹，这些恶劣天气对无人机的飞行都会产生威胁，所以需要时刻注意天气情况。

10.3.2　拍摄安全

在山区航拍时，最重要的是人身安全，每走一步都要小心，操作无人机的时候尽量不要随意走动，走动的时候一定要看路，要是一不小心脚踏空了，就会有生命危险。

而邻水航拍，仅依靠水面就能拍出很多画面很美的大片，但是我们还是要多了解一下水面拍摄的风险，从而帮助我们更安全地操作无人机。当我们控制无人机沿着水面飞行的时候，无人机无法识别

▲ 专用防水航拍无人机

其与水面的距离。即使无人机有避障功能，当它在水面飞行的时候，由于水是透明的物体，无人机的感知系统也会受到影响，一不小心无人机就会飞到水里去，所以一定要让无人机在可视范围内，同时控制无人机与水面保持一定的安全距离，这样才能规避飞行风险。

10.3.3　GPS信号

一般情况下，需要重点关注山区的GPS信号，主要是在无人机起飞的时候容易出现GPS信号较难锁定的情况。如果无人机在飞行的时候贴着陡崖或者峡谷，就会出现GPS信号不稳定的情况。所以，当选择无人机的起飞点时，可以看看天空，如果天空被山体、建筑物或者树木等遮挡比例超过40%以上，就会影响GPS信号的稳定性；当遮挡比例超过50%，GPS信号就比较难锁定了。

▲ 林中的GPS信号

10.3.4　水面拍摄

一般情况下，不建议在水面进行拍摄，水面拍摄会给无人机的飞行带来安全隐患。但是，现在水上冲浪运动非常受旅行爱好者青睐，很多人都想抓拍到冲浪过程中那一瞬间的精彩。而在沿海地区，操作无人机沿着海面飞行，还可以拍出海浪的翻滚效果，这个画面是非常震撼的。另外，控制无人机沿水面飞行还能拍摄出绝美的自然风光及建筑的倒影效果。

还有一种飞行方式，就是掌握好无人机与水面的距离和高度，控制无人机飞到水面的上空，以90°扣拍的方式拍摄水面风景，这样的拍摄角度也是比较安全的。

在拍摄浪花的时候，我们一定要保持无人机

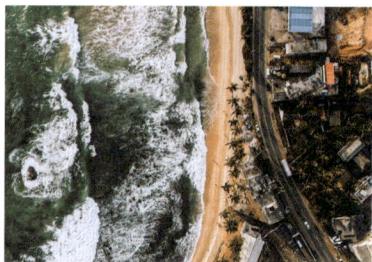
▲ 扣拍水面

与浪花之间的距离，以免无人机进水或者被浪花打到水里去。如果在水面拍摄冲浪者，可以使用无人机中的智能跟随功能，将无人机锁定冲浪者，无人机将跟随冲浪者进行移动拍摄。这里还是要注意保持一定的拍摄距离。

10.3.5　拍摄器材

在山区航拍，需要一定的体力和时间去爬山，在上山之前，我们一定要检查好必备的摄影器材是否已准备充分，如检查内存卡的容量够不够，电池是否充满了电，是否带了充电宝等。

小贴士

在山区飞行时，建议带一块平整的板子，让无人机在板子上起飞，这样可以保证无人机的安全。因为山区的碎石和沙尘比较多，如果直接从沙地上起飞，会对无人机造成磨损，影响无人机的性能。

▲ 无人机停机坪

脚本参考 1：景区航拍

脚本参考 2：温泉度假酒店航拍

脚本参考 3：工业遗迹公园航拍

项目　宣传片策划制作和航拍

本学习单元选取了宣传片航拍的典型案例，从建筑航拍（如 CBD 建筑、体育中心、大型石化企业）的详细步骤与安全、适宜的时间与天气选择、多角度构图与运镜技巧，到产品航拍（如紧凑型家用轿车航拍、越野汽车、旅游房车）中的安全规范、光线运用、多样化镜头设计，再到风景航拍（如景区、温泉度假酒店、工业遗迹博物馆）的季节天气把握、安全飞行要点、GPS 信号重要性及特定场景的拍摄策略与脚本参考，为学习者提供了一套较为典型的航拍知识体系与实践指南。接下来，本项目要求结合前面单元学习所掌握的知识与能力，分组完成各小组所选择项目的策划制作和航拍。

● **预备知识**

（1）航拍基础知识：了解航拍无人机的基本操作、飞行原理及安全规范。

（2）摄影构图：学习摄影构图的基本原则，如三分法、引导线、框架构图等。

● **项目目的**

（1）提升学生的航拍技能，包括飞行技巧、构图能力及拍摄创意。

（2）培养学生的团队协作能力，通过分工合作完成宣传片的制作。

（3）增强学生的实践能力，将理论知识应用于实际操作中。

● **实践内容**

（1）选题与策划

① 小组内讨论并确定航拍宣传片的主题（建筑、产品、风景中选其一）。

② 制订详细的拍摄计划，包括拍摄地点、时间、天气条件、所需器材等。

③ 编写拍摄脚本，明确每个镜头的拍摄内容、构图要求及拍摄顺序。

（2）拍摄准备

① 检查无人机及拍摄器材的完好性，确保电池电量充足。

② 根据拍摄计划，提前到达拍摄地点，进行场地勘查及飞行路线规划。

③ 与相关人员（如景区管理员、产品方代表等）沟通，确保拍摄顺利进行。

（3）拍摄执行

① 按照拍摄脚本及计划进行拍摄，注意飞行安全及拍摄质量。

② 灵活运用不同的拍摄角度、运镜方式及构图原则，捕捉精彩瞬间。

③ 拍摄过程中，及时与团队成员沟通，调整拍摄方案以适应实际情况。

● **项目要求**

团队协作：小组成员需分工明确，相互协作，共同完成宣传片的策划、拍摄与制作。

创意表达：宣传片应具有一定的创意性和艺术性，能够展现所选主题的独特魅力。

技术质量：拍摄画面应清晰稳定，构图合理流畅，音画同步。

时间管理：小组成员需合理安排时间，确保在规定期限内完成宣传片的制作。

● **项目成果展示**

（1）每个小组需将制作完成的宣传片进行展示，并分享拍摄过程中的经验、教训及感悟。

（2）教师及同学将对各小组的宣传片进行点评，评选出优秀作品。

🔍 问题与思考

1. 无人机航拍时，为什么需要让无人机在环境空旷处起飞，并确保遥控器与无人机之间信号无遮挡？

2. 在进行建筑物航拍时，有哪些拍摄角度可以更好地展示建筑物的特点？

3. 在进行产品航拍时，为什么光线是一个重要的考虑因素？

4. 在进行风景航拍时，季节及天气如何影响拍摄效果？

5. 在进行水面拍摄时，需要特别注意哪些安全问题？

基于问题与思考的微课视频（参考）

无人机航拍保证信号无遮挡	建筑物航拍多种拍摄角度
产品航拍如何利用光线	无人机航拍季节天气影响拍摄效果
水面进行无人机航拍	

11

学习单元11　　影视剧航拍

学习单元导引

—— 学习目标

知识目标

1	理解影视剧和纪录片航拍的特点和技术要求
2	掌握影视制作中客户沟通和反馈的处理方式
3	学会制订有效的航拍飞行计划
4	了解不同航拍手法在影视制作中的应用

能力目标

1	能够根据剧本或制作要求设计航拍镜头
2	能够运用专业设备进行创意性航拍
3	能够有效地与客户沟通并根据反馈调整拍摄计划

素养目标

1	培养审美能力和艺术创造能力
2	明确学习目标，提高学习效率
3	增强对航拍作品情感表达和故事叙述的把控力
4	建立团队意识，提高团队协作能力

—— 训练项目

| 1 | 分析影视剧和纪录片中的航拍片段 |
| 2 | 实践规划并执行一个影视航拍项目 |

—— 单元结构

| 11.1 | 影视航拍 |
| 11.2 | 纪录片航拍 |

本学习单元是充满创意与挑战的新篇章——影视剧航拍。我们选择了典型任务作为切入点，聚焦于如何将无人机技术应用于影视制作中，不仅包括影视剧和纪录片的航拍技巧，还包括策划、组织、协调的部分。通过这些具体的任务，我们可以更好地理解无人机在现代影视制作中的角色和价值，同时也可以将学习到的理论知识应用于实践。

11.1　影视航拍

在这个单元中，我们将深入探讨航拍技术在影视剧制作领域的应用与实践。我们将学习到航拍设备的基本原理、选择标准及操作技巧，同时掌握如何将航拍画面与故事情节进行有机结合，提升影视剧的视觉效果与观看体验。通过案例分析、实践操作和经验分享，我们将全面了解航拍在影视剧制作中的实际应用，并培养解决实际问题的能力。

资源链接：
影视航拍

11.1.1　影视航拍中的客户沟通与反馈

影视航拍作为影视作品制作中的重要环节，对于提升作品视觉效果和观看体验具有不可替代的作用。在这个环节中，客户沟通和反馈显得尤为重要，它们贯穿于整个航拍项目的始终，影响着项目的方向、进展和最终成果。

1. 客户沟通

在影视航拍项目中，客户沟通是不可或缺的一环。良好的沟通能够确保航拍团队准确理解客户的需求和期望，从而制订出符合要求的航拍计划和方案。

▲ 客户沟通

（1）了解需求：项目初期，航拍团队需要与客户进行深入的沟通，详细了解客户对航拍内容、风格、时长等方面的要求。这有助于团队对项目整体规模和方向的准确把握。

（2）方案制订：基于客户的需求，航拍团队需要制订出一份详细的航拍方案，包括飞行路线、拍摄技巧、设备选择等。这个方案应该充分体现客户的意愿，并在可能的情况下超出客户的期望。

（3）进度同步：在项目执行过程中，航拍团队需要定期与客户同步进度，及时反馈拍摄进展、遇到的问题及解决方案。这样可以确保项目按照预定计划顺利进行，避免出现大的偏差。

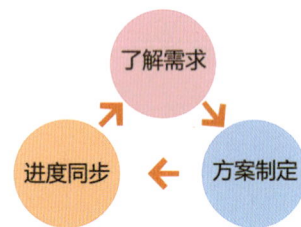

2. 客户反馈

客户反馈是检验航拍成果是否满足客户需求的重要途径。积极、有效的客户反馈有助于航拍团队及时调整拍摄计划和方案，确保最终交付的成果符合客户的期望。

▲ 客户反馈

（1）试拍反馈：在项目初期，航拍团队可以进行试拍，并将试拍样片提交给客户。客户可以根据样片对航拍效果进行评估，提出改进意见和建议。这有助于团队在拍摄正式开始前对方案进行有针对性的优化。

（2）中期反馈：在项目执行过程中，客户可以随时对拍摄内容提出反馈。航拍团队应及时响应，根据实际情况进行调整和改进。这种中期反馈可以确保项目始终沿着正确的方向前进，减少后期修改的工作量。

（3）后期反馈：在项目完成后，航拍团队可以将成品提交给客户。客户可以对成品进行全面的评估，提出任何需要修改或完善的地方。航拍团队应根据客户的反馈进行相应的后期调整，确保最终交付的成果得到客户的认可。

影视航拍中的客户沟通和反馈是一个双向、持续的过程。航拍团队需要时刻保持与客户的紧密沟通，准确理解并响应客户的需求和反馈，以确保项目的顺利进行和成果的满意度。同时，客户也应积极参与沟通和反馈，及时提供自己的意见和建议，为航拍团队提供有价值的参考，共同打造出优质的影视作品。

11.1.2　影视航拍的飞行计划

影视航拍作为影视制作的重要部分，对提升作品画面的震撼力和视觉效果都起到了至关重要的作用。而要进行一次成功的影视航拍，一个详细且周全的飞行计划是必不可少的。下面将详细阐述影视航拍中的飞行计划。

1. 做好飞行环境观察与分析判断

我们在航拍摄影前必须对周边环境进行观察，从所见景物中发现有趣而与众不同的事物，要尽快识别出画面图案、线条、色彩和影调，并思考如何利用这些特征产生好的画面效果。不要看到什么就拍什么，而要善于发现有利的视觉元素和信息。要学会从宏观上去思考，提升观察能力，在合适的时间将设备放置在合适的位置，只有这样，我们的航拍摄影画面才能更容易地从这些景物中脱颖出来。

因此，每当我们来到一个不熟悉的飞行地点时，就要养成一个好的习惯——打开卫星地图，让自己对这个航拍地点有一个清晰的概念和认知，还要在起飞前对航路区域进行全景勘测，以确保这条飞行航线的安全性。我们从卫星地图上可以发现主要道路、标志建筑、障碍物等，从而找到合适的航拍主体，以及周边环境中有趣的图案、线条、地标等，并进一步规划航拍内容，落实航拍计划。

2. 合理选择起飞地点

合理、就近选择起飞地点是顺利完成拍摄任务、确保飞行安全的必要措施。为了保证飞行安全，航拍摄影师需要有宽阔的观察视野，并尽量保持无人机在视距范围内飞行，同时确保遥控器信号、图传信号不被遮挡。

▲ 起飞点不能有此类障碍物

另外，在实际飞行操作时，一定要设置好返航高度与返航地点。

3. 科学制定目标明确的飞行路线

无人机航拍摄影航线规划是视频拍摄、延时拍摄的重要组成部分，科学、合理的航线规划有助于我们提升拍摄质量、稳定画面效果和确保飞行安全。具体来说，我们应做到以下几点。

（1）注意飞行空间的大小，确定是否有飞行航线死角和盲区。

（2）确定GPS信号位置正常，周边是否有物体遮挡视线的情况。

（3）确定飞行环境中有无可能产生信号干扰的情况，如是否有高楼、高压线、信号发射塔等。

（4）分析预判航拍飞行画面效果，尽可能拍出令人满意的视觉效果。

（5）根据航拍摄影的具体情况、复杂程度，利用大疆飞行软件、荔枝飞行软件等进行手动和智能化航线规划。

一次成功的影视航拍离不开团队协作和良好的沟通。飞行计划中要明确各个团队成员的职责和任务，确保飞行操作和摄影团队之间的紧密配合。同时，要保持与客户的沟通，及时反馈拍摄进展和成果，确保满足客户的需求和期望。

飞行计划的制订首先要明确拍摄目标。这包括了拍摄的场景、所需的画面、特定的视角等。对于影视航拍来说，目标可能是城市、大自然、建筑物等，可能是全景、细节等，只有明确了目标，才能有针对性地制定飞行路线和拍摄策略。

根据拍摄目标，设计合理的飞行路线是关键。这需要综合考虑地形、气象、空域限制等因素。例如，拍摄城市全景时，可能需要围绕城市飞行；拍摄大自然风光时，可能需要飞越山川、河流。同时，要确保飞行路线避开禁飞区，保证飞行安全。

4. 监控无人机状态，制定安全控制策略

在飞行过程中，需要时刻监控无人机的状态。需要检测无人机是否处于故障状态，并采取相应的措施以确保飞行安全。还需实时监控无人机的电池电量和飞行传感器是否正常工作。

为了保障无人机安全飞行，需要制定一些安全控制策略。例如，在飞行过程中，需要限制无人机的飞行高度和速度，以确保不会影响到地面人员和车辆。在飞行方向方面，需要根据航线和地形来制订相应的飞行计划，以避免飞行方向发生偏差。

11.1.3　影视航拍中常用的三大拍摄手法

航拍镜头不仅能够增强影片的情感传递，还能给观众带来更多"全貌"，这里的全貌是指多维度、不同视角的全貌，能让画面增加叙事性。

影视航拍中的创作手法大体分为以下三类。

1. 交代主体与环境的关系

当无人机镜头平视并向前直飞时，画面中的景物越来越近，往往代表进入了一个场景，当镜头逐渐靠近一个人的时候也就意味着故事的开始，这种手法常用于剧情叙事中一个段落的开始，如电影《飞驰人生》中，交代男主角决定参加比赛，就是用一段新征程开始的画面来表达的。

▲ 《飞驰人生》剧照

如果无人机镜头平视且高度不变，但开始缓慢后退，让原本画面中不存在的物体逐渐被拉入画内，就有了交代场景的作用，在这个过程中如果出现了重要人物或建筑物，也就交代了人物角色与环境的关系。

在航拍画面后退的同时再拉升无人机的高度，镜头中的情感传递也会更加强烈，这样的镜头在自媒体短片中较为常见。

▲ 《1921》海报

2. 营造沉浸式体验

当无人机镜头平视且向前直飞，机位高度却缓缓拉升时，景别也会随之越来越大，往往表示进入了一个宏大的场景之中，这就营造了一种沉浸式体验感，给人一种身临其境的代入感。这在战争、科幻、奇幻等类型的影片中较为常用。

当机位前进升高的同时，无人机镜头逐渐抬升，景别增大，画面叙事性增强，例

如，映入眼帘的神秘古堡、一望无际的戈壁沙漠、远处的高山与瀑布等，都需要配合前后剧情来进行呈现。

3.追求视觉张力

无人机拉升，镜头却逐渐下调，就像俯视一样，除了表达建筑物的宏大之外，也多用于主观镜头的叙事，提升视觉张力，表达离别、远去的意境，如果还添加了画面慢慢旋转的效果，则更加强调了离别远去之感。

例如，伴随着爆破效果，画面逐渐远去的航拍方式，就加强了视觉冲击。又如，在《天空猎》中，主角就是乘坐直升机离开事发地，并低头回看。

影视航拍中，除以上概括的三大类创作手法外，还有复合型创作手法，都是为了交代主体与剧情之间千丝万缕的联系，同时加强对主体的刻画，如爱国主义题材影片《长津湖》系列的拍摄，就采用了这种手法。

▲《天空猎》工作照

▲《长津湖 水门桥》海报

脚本参考1：电影《飞驰人生》航拍

脚本参考2：电影《红海行动》航拍

脚本参考3：电影《湄公河行动》航拍

11.2　纪录片航拍

航拍无人机的速度会影响画面本身的运动速度，给观众带来的"飞行体验"是完全不一样的，高度越高参照物越少，飞行速度不够的话，相对运动比较慢，会让人感觉画面像静止的一样。而无人机航拍凭借灵活性，以及可以设计一镜到底、大范围航拍延时等个性化镜头的特性，在需要提供大范围、高角度影像时的应用率也越来越高。

资源链接：
纪录片航拍

11.2.1　各不相同的航拍设备

在多旋翼飞行器也就是常说的无人机出现之前，航拍基本上是以固定翼飞机和直升机为主。在多旋翼飞行器出现后，无人机航拍技术得以快速普及。

无人机航拍的优点主要在于：其一，购置使用成本与载人直升机相比较低；其二，使用便捷，特别是能在狭小的空间内穿行，对拍摄主体干扰小。无人机航拍和载人直升机航拍在面对不同拍摄领域、不同的拍摄任务时，均拥有其不可替代的优势，如果运用得当，两者之间可以形成优势互补。

随着未来各种复杂拍摄任务的大量出现，两种航拍方式的相容互补会更加成熟、越发完善。不同的飞行器本身所带来的视觉效果迥异，而对飞行时间和运动路径的不同把握，会给观众带来完全不同的视觉体验。和一般航拍类纪录片不同，《航拍中国》结合长短镜头、高低空视角，大风景与小细节无缝对接，不同飞行器的组合运用不断增多。拍摄中，载人直升机和无人机取长补短，各显其能。

例如，《航拍中国》的拍摄中就动用了载人直升机、大型无人机、微型穿梭机、氦气球等多种飞行器，但主要还是以前两者为主。

▲ 《航拍中国》第一季江西篇工作照。在三清山山顶拍摄时，由于地面石头凹凸不平，工作人员手持Inspire 1 RAW准备让其起飞

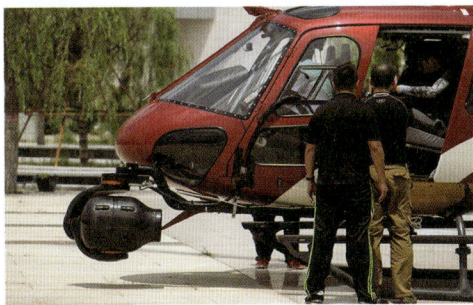

▲ 《航拍中国》第一季陕西篇工作照。直升机上使用的设备是Shotover F1，这是配置光纤航拍陀螺仪的云台，是目前世界顶级的航拍设备，通过外三轴控制摄影机朝向，进行摇、俯仰、横滚的运动，内三轴抵消晃动保持机器稳定；同时，能够加载相机控制面板和跟焦器电机，控制摄影机菜单及镜头的光圈、推拉、焦点等功能。摄影机是RED公司发布RED EPIC，这是一款5K超高清数字电影摄影机。镜头是佳能的电影变焦镜头

11.2.2　文学艺术的影像化

纪录片以真实生活作为创作素材，以世间万物作为观照对象，同时对真实生活进行艺术的加工和再现。纪录片作为一种影视艺术形式，其美学价值在不断的发展中逐渐提升和表现，甚至发展出了不同的美学流派。《航拍中国》对于片中画面艺术性的把控也非常具有纪实影像的美学气质，这些美的呈现更像是摆脱了枯燥乏味的叙事，用修辞

的手法让表现的客观事物有了艺术的感染力。

1. 纪实美

在航拍技术手段的要求下，创作者要从全面整体出发，又不拘泥于客观真实性的限制。在拍摄秦岭野生大熊猫、东北虎等动物时，摄影师转向呈现一些保护区的动物，使得操作性更强、艺术表现手法更丰富，从而更能展现出一些野生物种本质上的真实美。

▲ 《航拍中国》第一季第3集 黑龙江东北虎

2. 意境美

早在20世纪20年代纪录片出现的早期，以伊文思为代表的纪录片创作者就形成了"诗意纪录片"的流派。例如，在表现库尔滨水电站附近的雾凇与冰凌时，摄影师利用初升的太阳和温度较高的水汽呈现出了非常美妙的景象，不同颜色层次的展现，加上水汽弥漫的迷雾效果，使得画面像童话世界一般，让人感觉意味无穷。

▲ 《航拍中国》第一季第3集 黑龙江库尔滨水电站附近的雾凇

3. 情趣美

纪录片记录着人与自然万物的关系，在对一些主题进行表现的时候，经常从人类的视角出发，表达事物的趣味性，传递出浓厚的性情志趣。在《航拍中国》关于黑龙江的这一集中，创作者记录了夜幕降临的雪乡，路上熙熙攘攘的行人已经不见了踪影，一个人下班骑着自行车回家，在红灯笼和"福"字贴纸的衬托下，画面恬淡自然，透露着普通中国人的生活情趣。

▲ 《航拍中国》第一季第3集 黑龙江林场家庭旅馆

脚本参考1:《航拍中国》第一季第1集片段	脚本参考2:《航拍中国》第二季第6集片段	脚本参考3:《航拍中国》第四季第6集片段

项目一　我的体育课上课了

● 预备知识

（1）了解无人机的操作原理，熟悉航拍的基本技巧，如飞行高度、速度的控制、摄像设备的调试等。

（2）了解体育课的场地，课程具体内容、步骤、基本动作要领。

● 项目目的

通过航拍，从空中捕捉体育课上的精彩瞬间，展示体育运动的魅力。结合体育常识，对拍摄内容进行专业解读，增强观众对体育项目的理解。培养团队间的协作精神，提升航拍技术在实际操作中的应用。

● 项目要求

选取合适的体育课场景，如足球、篮球、田径等，进行航拍。确保场景安全，并获得必要的拍摄许可。

在航拍过程中，确保无人机和摄像设备的安全，避免干扰其他教学活动。结合体育项目的特点，运用航拍技术展现出运动员的激情、团队合作和竞技场面。对拍摄内容进行后期编辑，配以专业解说，使观众能够更好地理解体育项目的规则和技术要领。项目完成后，组织团队成员进行经验分享和总结，提升团队整体水平。

● 项目实施

（1）团队成员共同讨论并确定航拍主题、场景和目标。

（2）根据预备知识的要求，准备无人机、摄像设备、体育项目资料等。

（3）对可能的拍摄场景进行实地考察，选取最能展现体育项目特点的场地。

（4）在选定的场景中进行航拍，注意遵守学校或相关机构的规定，确保安全。

（5）对拍摄的素材进行剪辑、配乐、解说等后期处理，制作成完整的航拍作品。

（6）将完成的航拍作品进行展示，收集观众和专业人士的评价和建议，以便改进。

（7）团队成员进行经验总结和分享，提升航拍技术和团队协作能力。

通过这个项目，学生不仅能够掌握航拍技术在实际操作中的应用，还能深入了解各种体育项目的特点和规则。这不仅可以提高他们的专业技能水平，还可以增强他们对体育运动的了解和兴趣。同时，通过团队合作和实践经验分享，学生还能够提升团队协作能力和沟通能力。

项目二　微电影

● 预备知识

（1）掌握无人机的高级飞行技巧，如追踪拍摄、环绕拍摄、穿越拍摄等。

（2）了解微电影的剧本创作、导演技巧、摄影构图、光线与色彩运用等。

（3）熟悉视频剪辑、音效设计、特效添加等后期制作技术。

● 项目目的

（1）通过微电影制作，让学生将所学的航拍技术应用于实际拍摄中。

（2）鼓励学生自主选题，发挥创意，完成从剧本到成片的完整创作过程。

（3）通过小组合作，提升团队成员间的沟通能力与协作效率。

● 项目要求

（1）各小组需自主选定微电影的主题和内容，确保故事性强，适合航拍表现。

（2）根据选题，编写详细的剧本，包括角色设定、场景描述、对话内容等。

（3）结合剧本内容，设计具有创意和表现力的航拍镜头，突出无人机拍摄的优势。

（4）根据镜头设计，制订详细的拍摄计划，包括飞行路线、高度、速度等参数设置。

（5）在确保安全的前提下，进行实地拍摄，注意天气和环境因素对拍摄的影响。

（6）对拍摄的素材进行剪辑、配音、配乐等后期处理，完成完整的微电影作品的制作。

（7）组织成果展示活动，邀请专业人士和观众对作品进行评价。

● 项目实施建议

小组内进行明确分工，如编剧、导演、摄像、后期等，确保每个成员都能参与其中。在拍摄过程中，务必遵守无人机飞行规定和安全操作规程，确保人员和设备安全。在追求创意的同时，不忘技术的精湛运用，力求达到艺术与技术的完美结合。鼓励多次拍摄和修改，通过不断实践提升作品质量。项目结束后，组织经验总结和分享会，让每个成员都能从中学习和成长。

⚙ 问题与思考

1.电影航拍中，为什么客户沟通和反馈环节至关重要？

2.如何选择合适的拍摄设备和场地进行电影航拍？

3.纪录片航拍与电影航拍在拍摄技巧上有哪些异同点？

4.为什么在拍摄前需要进行详细的规划?

5.如何制订紧急应对计划以确保航拍过程中的安全?

基于问题与思考的微课视频（参考）

电影航拍客户沟通环节至关重要	如何选择合适的拍摄设备和场地	纪录片航拍与电影航拍在拍摄技巧上有哪些异同点	航拍前需要进行详细规划	如何制订航拍紧急应对计划

后期制作篇

篇

12

学习单元12   航拍摄影修图

学习单元导引

―――― **学习目标**

知识目标

1	理解航拍摄影修图的重要性和在航拍中的应用
2	掌握手机和计算机修图软件的基本操作流程和技巧
3	学会通过修图提升航拍作品的视觉效果

能力目标

| 1 | 能够运用手机App进行基本的航拍摄影修图 |
| 2 | 能够在计算机上使用Photoshop等专业软件进行高级修图 |

素养目标

1	培养审美能力和艺术创造能力
2	明确学习目标，提高学习效率
3	增强对后期处理细节的敏感度和把控力
4	建立团队意识，提高团队协作能力

―――― **训练项目**

| 1 | 使用不同的手机App修图软件进行航拍图片的预处理、构图调整和色调调整 |
| 2 | 使用Photoshop进行航拍图片的高级修图处理 |

―――― **单元结构**

12.1	航拍摄影修图的一般流程
12.2	手机修图
12.3	Photoshop修图调色

前面学习的理论方法篇、技术基础篇、技术实务篇的相关知识，对无人机航拍的技术积累与艺术沉淀有较大帮助。从本学习单元开始，我们进入后期制作篇的学习。本学习单元探索如何通过后期处理来增强航拍作品的视觉冲击力和艺术表现力。无论是通过手机App还是计算机端Photoshop，修图都是现代摄影中不可或缺的一部分，它们是目前航拍后期处理中最常用且功能强大的工具。

12.1 航拍摄影修图的一般流程

随着无人机技术的日益成熟，航拍摄影已经成为摄影领域中的一个热门方向。对于壮观的航拍画面，后期的修图显得尤为重要，它可以进一步提升作品的表现力，使画面更加引人入胜。航拍摄影修图是一门结合了艺术和技术、创意和感知的综合性工作。在繁复的后期处理过程中，我们需要有系统的方法和步骤。航拍摄影修图的一般流程包括素材预处理、构图调整、色调调整及文字与装饰等步骤。

资源链接：
航拍摄影修图的
一般流程

12.2 手机修图

手机修无人机航拍图是一种非常快捷方便的修图方式，通过在手机App上进行简单的操作，即可快速地在移动设备上编辑和改善航拍作品的视觉效果。

资源链接：
手机修图

12.2.1 素材预处理

在修图之前，首先需要对原始素材进行整理，包括从航拍无人机上导出原始照片或视频，并对其进行分类和标记。

▲ 这是一幅原图为RAW格式的图片，左图未修图，右图已修图。RAW格式可以理解为"原始图像编码数据"，或更形象地称为"数字底片"

对于照片，可能需要挑选出曝光、构图、焦点等方面基本合格的图片，以便后续处理。

RAW格式及其转换：许多航拍设备都支持RAW格式输出，这种格式保留了更多的原始信息，为后期处理提供了更大的空间，将RAW格式转换为JPG或TIFF等常用格式是预处理的工作。

12.2.2　构图调整

下面以snapseed中文版为例，介绍利用裁剪、旋转、修复、视角等功能对图片进行构图调整。

（1）裁剪：使用App中的裁剪功能，可以调整图片的比例和构图，去除多余的背景或无关元素，突出主体。

（2）旋转：通过旋转功能，可以调整图片的角度，使其符合视觉习惯。

▲　原图

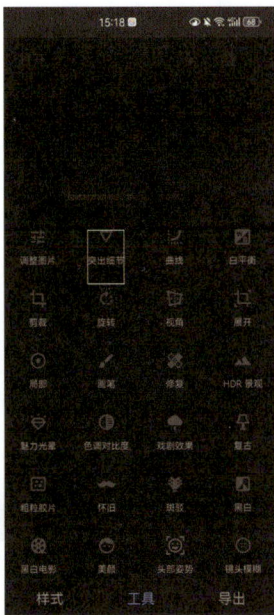

▲　使用旋转功能，改变原有的构图形式并裁切

▲　使用修复功能，对有瑕疵的部位局部放大，涂抹该处后App算法将使画面更平滑

（3）修复：航拍照片上可能会出现明显的噪点和颗粒。这些噪点和颗粒破坏了画面的细腻度，影响观感。为了解决这个问题，可以使用专门的修复工具去除噪点和颗粒，平滑画面，使画面更加纯净。

（4）视角：部分App提供变形功能，可以对图片进行拉伸、压缩等操作，修正透视问题，使图片更自然。

▲　使用视角功能，分别对图片四角进行拉伸、压缩，修正透视

12.2.3　色调调整

下面介绍利用调整图片、曲线、白平衡、HDR等功能，对图片进行色调调整。

1.调整图片

选择调整图片功能，在弹出的窗口中可调整图片的亮度、对比度、饱和度、高光与阴影等。

（1）亮度：用于调整图片的整体明暗。

（2）对比度：用于调整图片明暗部分的差异。降低对比度可

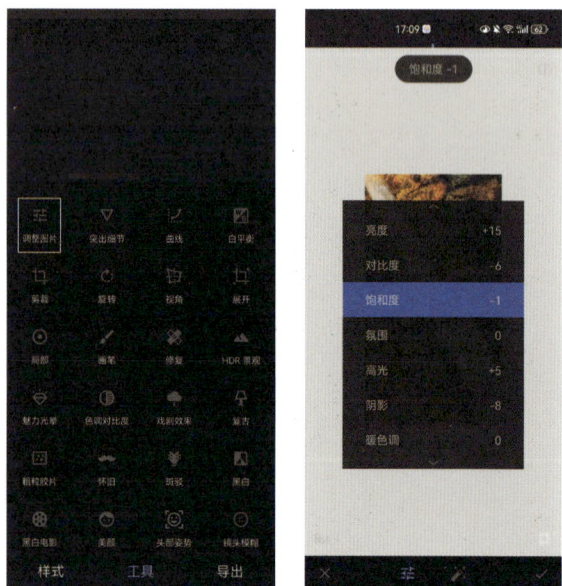

▲　利用调整图片功能，可调整图片的亮度、对比度、饱和度等

以使图片细节更突出，使亮的部分更亮，暗的部分更暗。

（3）饱和度：适当增加饱和度可以使图片色彩更鲜艳。但过度增加可能导致色彩失真，需要注意控制。

（4）高光与阴影：通过调整高光和阴影，可以控制图片亮部和暗部的细节展现。例如，天空更亮可以通过增加高光来实现，地面更清晰则可以通过加大阴影来达成。

2. 曲线

如需提亮图片，可以把曲线的中段向上拉；如需增加对比度，可以把曲线的两端向上拉或向下拉；如需对图片的某个特定部分进行调整，可以在曲线上添加控制点并进行局部调整。

3. 白平衡

通过调整白平衡中的色温，可以改变图片的冷暖色调。而色调的调整则将影响图片中特定颜色的表现。例如，表现湖面可以减少蓝色调，表现夕阳可以增加黄色调或红色调。

4. HDR功能

在一些高反差场景中，单一的照片可能难以同时展现亮部和暗部的细节。通过HDR功能，可以合成多张不同曝光的照片，获得更大的动态范围，使画面既丰富又有细节。

▲ 利用曲线功能，可以在调节线段上增加节点，分别控制节点位置，调节至理想色调

▲ 利用白平衡功能，调整色温

　　高动态范围（High-Dynamic Range，HDR），又称宽动态范围，是在用来实现比普通数字图像更大明暗差别的一组技术。当强光源（日光、灯光或反光等）照射下的高亮度区域及阴影、逆光等相对亮度较低的区域在图像中同时存在时，摄像机输出的图像会出现明亮区域因曝光过度成

▲ 左图是原图，右图是使用HDR功能调整过的图片。在右图中，天空中的乌云、建筑立面、河流上的波纹，甚至河岸葱郁的树木，细节满满

为白色，而黑暗区域因曝光不足成为黑色的情况，严重影响图像质量。摄像机在同一场景中对较亮区域及较暗区域的表现是存在局限的，这种局限就是通常所讲的"动态范围"。HDR图片是使用多张不同曝光的图片，然后再用软件组合成一张图片。它的优势是最终可以生成一张无论在阴影部分还是高光部分都有细节的图片。

　　广义上的"动态范围"是指某一变化的事物可能改变的跨度，即其变化值的最低端极点到最高端极点之间的区域，此区域的描述一般为最高点与最低点之间的差值。这是一个应用非常广泛的概念，在谈及摄像机产品的拍摄图像指标时，一般的"动态范围"是指摄像机对拍摄场景中景物光照反射的适应能力，具体指亮度（反差）及色温（反差）的变化范围。

　　在有限的亮度范围内显示自然界中相当宽广的亮度范围，正是HDR技术所要解决的问题。

　　航拍中使用HDR功能应注意以下事项。

　　（1）航拍无人机在HDR模式下会连拍3张照片并进行合成。但在航拍时，风、无人机的移动等因素，可能导致照片合成时出现模糊。因此，在选择HDR模式时，飞行稳定程度是非常重要的因素。

　　（2）当无人机飞翔在天空时，使用HDR功能的摄像头捕捉到的画面往往具有高动态范围，也就是说，同一画面内可能有非常明亮和非常暗淡的部分。

　　（3）HDR功能的一项经典应用就是拍摄蓝天白云下的风景照。开启HDR功能后可以让天更蓝、草更绿。不过HDR功能不适用于拍摄日出和夕阳，它会对太阳的曝光亮度做出错误判断，反而会使照片丧失了原有的动人色彩。

　　（4）HDR模式可以找回暗部和亮部的色彩，但是当拍摄对象本身就明亮鲜艳时，开启HDR功能只会导致饱和度降低。例如，同样是拍摄风景照，如果要拍摄的主体是蓝

天，并不在乎地面出现阴影的时候，关闭HDR功能就能让天空看起来更蓝。

（5）HDR功能更适合用于拍摄有着鲜明亮暗对比的照片，而不适合用于专门拍摄阴影、倒影。在拍摄阴影、倒影时，若开启HDR功能，只会让对比度降低，失去预想的效果。

手机调色App使用HDR功能应注意以下事项。

（1）手机调色App中的HDR功能是通过算法将曝光度不同的照片，最终合并成一张高动态范围的照片。主要目的是扩展图像的动态范围，使图像中的高光和阴影细节都能够显示出来。

（2）现在很多手机都内置HDR功能，但是只使用HDR功能是远远不够的。因为无HDR照片，将丢失各种细节；HDR自动合并照片，则全是细节，反而失真。

（3）使用HDR功能的关键是HDR合并＋手动影调修复，能够保留应有的细节，隐去不必要的细节，让照片中该亮的地方亮起来，该暗的地方暗下去，恢复照片正常的明暗对比。

12.2.4　文字与装饰

下面介绍为图片添加文字与装饰。

（1）标题与副标题：通过添加精练有力的标题和副标题，可以直接传达作品的主题和核心信息，使观众在第一时间理解照片的内容和意义。

▲　选择文字功能，选择喜欢的文字模板，双击输入文字，左右分别通过触摸屏调节文字大小及角度

（2）文字装饰：将文字作为装饰元素使用，通过选择艺术字体、调整透明度、应用特效等方式，使文字与画面融为一体，增加整体的美感和设计感。

（3）图形与图案：在修图过程中，可以添加一些与主题相关的图形和图案，如箭头、星星、心形等。这些元素能够增加画面的活泼感，引导观众的视线，并传达一些隐含的信息和情感。

▲　选择相框功能，选择喜欢的相框模板，调整数值可调节相框宽度

（4）相框：通过为作品添加独特的相框，可以突出画面中的主体，并营造出特定的氛围和情感。这些边框可以是简单的几何形状，也可以是复杂的纹理和图案。

12.3　Photoshop 修图调色

本节选取一张 RAW 格式的航拍照片，在计算机上使用 Photoshop 软件对其进行修图调色。在 Photoshop 中打开航拍照片，选择 "滤镜" —— "Camera Raw" 工具，进入 "Camera Raw" 工具编辑界面，进行相关修图调色操作。

资源链接：
Photoshop
修图调色

12.3.1　曝光

风光航拍原图暗部细节不清楚，需要将整张照片处理为一张正常曝光的照片。首先调整黑白关系使照片变为正常曝光的照片，再进行下一步的调色处理。

整个画面有点偏暗，提高曝光，让整个画面亮起来。如果天空本来很白的部位会变得更白，以至于过曝，还需要对高光和白色区域降低曝光。选择"高光"工具降低相应数值，同时选择"白色"工具降低相应数值。处理完之后，我们发现照片的细节更加明显了，但是由于我们增大了"阴影"和"黑色"工具的数值，画面会出现大部分的灰色。

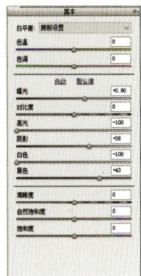

▲　调整曝光

12.3.2　通透感

因为黑色在画面中占比较多，所以原图看起来较暗，经过以上调整后照片灰色细节变多，看起来就有点偏灰。我们可以利用"曲线"工具对图片进行调整。

使用"曲线"工具可以较为方便地对可调范围进行调整。将红、绿、蓝色通道的曲线分别调为S型，增加对比度。

选择RGB混合通道，在黑色里面加入灰色，使得照片更有质感，可以调亮高光区域和中间调区域。

经过调整后的图片黑色区域更亮，整个画面更清晰通透。

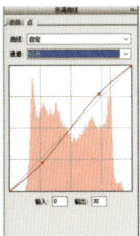

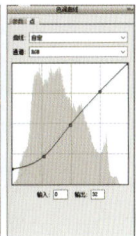

▲　以上是红色通道（R）的曲线调节，绿色通道（G）和蓝色通道（B）同样参照此曲线进行调整

▲　RGB混合通道曲线调节

12.3.3　高级感

经过黑白灰调整后，画面的细节和颜色更加明显了。下面处理画面中的暖色，将画面中的纯蓝色和纯黄色处理成青色和橙黄色，这样配色就更加高级了。另外，鲜艳的颜色亮度也不能太亮，即颜色的饱和度不能过高。

选择"HSL"工具，对画面的饱和度进行调整，选择"饱和度"栏，分别降低草地的橙色、天空的蓝色、洋红色、画面纵深处紫色等处的饱和度。

因为橙色和蓝色占据画面较大比例，需要整体降低画面中橙色和蓝色的明亮度，让颜色看起来更暗更实一些。选择"明亮度"栏，分别降低橙色明亮度、蓝色明亮度到适当的数值。

对画面的色相进行调整，选择"色相"栏，分别降低黄色和蓝色的色相值。

为了增强图像的冷暖对比，可以使用"分离色调"工具进行调整。对于画面中的高光区域，即天空部分，我们需要让蓝色天空偏向冷色调。尝试将色相值调整至179，饱和度值设置为14。接着，将阴影区域中的草地调整为偏暖的黄色调。为此，可以将色相值设置为72，饱和度值调整为10。最后，适当增加一些饱和度以完善整个画面的色彩效果。

▲ HSL 饱和度调节工具

▲ HSL 明亮度调节工具

▲ HSL 色相调节工具

接下来，我们可以使用Camera Raw滤镜中的"渐变"工具来进一步强化画面中冷暖对比的效果。首先，在菜单栏中找到"渐变"工具，然后对天空部分进行单独的色调调整，添加一个渐变滤镜。为了增加冷调效果，可以适当降低天空的亮度值，令其更加符合冷色温的视觉感受。

在调整过程中，我们需要注意控制亮度的降低程度，避免过度变暗导致画面不自然。随后，通过调整色温滑块，将天空的色彩温度往蓝色端调整，以保持天空的自然本色，并增强整体画面的冷暖对比。这样的操作不仅能够突出天空的冷色调，同时也能让草地的暖色调更加醒目，从而营造出更为生动和具有层次感的图像效果。

▲ 分离色调工具

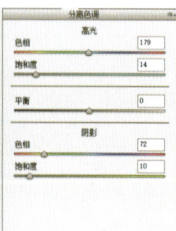

▲ 渐变工具

12.3.4 调整锐化和清晰度

单击"确定"按钮退出Camera Raw滤镜，并进入Photoshop的主界面，我们可以通过按Ctrl+E快捷键来合并可见图层，以便进行进一步的编辑。

接下来，我们将通过应用一个特定的滤镜来增强画面的清晰度。在菜单栏中选择"滤镜"选项，然后依次选择"其他"和"高反差保留"。这个工具可以帮助我们强化图像中的边缘对比度，从而提升清晰度。

在高反差保留滤镜的设置中，锐化参数的设置应根据图像的具体情况而定。通常情况下，设置一个介于1到3的数值即可达到效果。注意，过高的数值可能会导致图像噪点过多或出现不自然的硬边。

应用滤镜后，我们可能会发现整个画面呈现灰色状态。为了解决这个问题，我们需要改变图层的混合模式。在"图层"面板中找到刚刚应用了高反差保留滤镜的图层，然后将其混合模式改为"线性光"。这样处理之后，图像应该能够恢复正常的色彩，同时清晰度也会有所提高。

▲ 左图为调色后的图片，右图为"线性光"模式叠加高反差保留的图片

这时我们可以从整体的角度去审视和对比，整个画面锐化和清晰度优化了很多。

项目一　手机修图App修图

随着智能手机的广泛普及和技术的进步，手机修图App已经成为航拍摄影修图的重要工具。它们提供了便捷、实时的图像编辑功能，使得摄影师能够在拍摄后迅速对照片进行调整和优化，实现出色的航拍效果。下面将详细介绍手机修图App的优势与应用，以及如何使用手机修图App进行航拍摄影修图。

▲ 手机修图App修图

1. 手机修图App修图的优势

（1）便捷性：手机修图App修图最大的优势在于其便捷性。摄影师可以随时随地进行后期处理，无须依赖专业的计算机软件，节省了时间和精力。

（2）实时预览：手机修图App通常提供实时预览功能，摄影师可以在编辑过程中即时查看调整效果，便于做出正确的决策。

（3）功能丰富：手机修图App功能丰富多样，不仅涵盖了曝光调整、色彩校正、滤镜应用、裁剪、旋转等基础编辑功能，甚至还提供了HDR合成、景深模拟等高级功能。

（4）社交分享：手机修图App通常与社交媒体平台紧密关联，摄影师可以直接将修好的作品分享到社交平台。

2. 常用的5款航拍摄影手机修图App

手机应用市场里有众多优质的摄影修图App。这些App不仅具备了基础的修图功能，还融入了许多独特的高级功能，如HDR合成、景深模拟等。下面将介绍5款常用的航拍摄影手机修图App。

▲ 美图秀秀图标

（1）美图秀秀：作为国内老牌的图片处理软件，美图秀秀在摄影爱好者中享有很高的声誉。它提供了丰富的一键式美化功能，并融入了许多中国风格的滤镜和特效。

▲ MIX滤镜大师图标

（2）MIX滤镜大师：MIX滤镜大师是一款强大且易用的照片编辑应用。超过130个高品质、免费内置滤镜，涵盖从专业彩色反转胶片到电影色调等多种差异化风格强大的图片编辑功能。除15种基础调节工具外，还支持曲线、色调分离、HSL等高级调色工具。

（3）黄油相机：黄油相机以其文艺清新的风格赢得了大量用户。除了基础的调整功能，它还提供了文字添加、贴纸、画笔等创意工具。

（4）POCO相机：POCO相机是一款集拍摄、修图、分享于一身的综合性App。其内置的POCO滤镜库为用户提供了众多高质量滤镜，同时支持深度的图片编辑。

（5）泼辣修图：泼辣修图是一款专业级的手机修图App，其功能与桌面级的后期软件相媲美。它提供了HDR合成、景深模

▲ 黄油相机图标

▲ POCO相机图标

▲ 泼辣修图图标

拟等高级功能，非常适用于航拍图片的后期处理。

3. 使用泼辣修图处理航拍图片的流程

（1）导入原图：打开泼辣修图App，点击"+"按钮导入需要处理的航拍原图。

（2）基础调整：进入"调整"模块，对照片的曝光、对比度、高光、阴影等进行基础调整，使照片整体色调更加平衡。

（3）HDR合成：进入"HDR"模块，选择合适的HDR模式，增强照片的动态范围，使亮部和暗部细节更加丰富。

（4）景深模拟：切换到"景深"模块，通过涂抹的方式，模拟出浅景深的效果，使主体更加突出，背景更加虚化。

（5）色彩调整：进入"色彩"模块，对照片的色彩进行微调，如增强天空的蓝色、调整植被的绿色等，使照片色彩更加鲜艳。

（6）细节增强：在"细节"模块中，适当锐化照片的边缘细节，同时降低噪点，提高照片的清晰度和质感。

（7）添加水印和文字：如果需要，可以在"水印"和"文字"模块中，添加自己的水印标志和版权信息。

（8）保存和分享：完成所有编辑后，点击右上角的"保存"按钮，选择保存的质量和格式，然后点击"分享"按钮将作品分享到社交媒体上或保存到手机相册中。

需要注意的是，虽然手机修图App在便捷性和实时性方面具有优势，但对于复杂的后期处理和高级效果，可能仍然需要借助专业的计算机软件来完成。因此，航拍摄影师可以根据实际需求和预算，在手机修图App和计算机软件之间做出选择。最终目标是获得高质量的航拍作品，并通过后期处理提升其艺术表现力和观赏性。

项目二　Photoshop修图

在航拍摄影的后期处理中，Photoshop是一款不可或缺的专业修图软件。它提供了广泛而强大的工具集，能够满足摄影师在航拍照片后期处理中的各种需求。通过Photoshop的修图功能，航拍作品可以获得更高的质量、更丰富的细节和更出色的艺术表现力。下面将详细介绍如何使用Photoshop进行航拍摄影修图。

1. Photoshop的优势

Photoshop作为一款专业的图像编辑软件，在航拍摄影修图中具有许多优势。第一，它提供了丰富的工具和功能，可以帮助摄影师实现各种复杂的修图操作，包括图层编辑、选区操作、色彩调整和光影效果等。第二，Photoshop具有强大的图像处理能力，可以处理高分辨率的航拍照片，保持细节和画质。第三，Photoshop还支持各种文件格式和输出选项，方便摄影师根据自己的需求进行灵活调整。

2. Photoshop修图常用工具

（1）图层管理：在Photoshop中，可以使用图层功能对照片进行非破坏性的编辑。通过创建调整图层、复制图层等，可以实现局部调整、特效添加等操作，同时保持原图的完整性。

（2）"选区"工具："选区"工具可以帮助摄影师选择特定的区域进行编辑，如天空、建筑物等。通过"魔棒"工具、"套索"工具等，可以精确地选取目标区域，进行有针对性的调整和优化。

（3）色彩调整：Photoshop提供了丰富的色彩调整工具，如曲线、色阶、色彩平衡等。这些工具可以帮助摄影师调整照片的色调、对比度和色彩平衡，使照片呈现出更好的色彩效果。

（4）锐化与降噪：通过Photoshop的"锐化"和"降噪"工具，可以提升航拍照片的清晰度和质感。"锐化"工具用于增强边缘细节，使照片更加锐利；"降噪"工具用于减少照片上的噪点和颗粒，提高画质。

3. Photoshop的修图流程

（1）导入照片：打开Photoshop软件，将航拍照片导入到工作界面中。

（2）分析照片：仔细观察照片，确定需要调整的区域和目标。例如，可能需要调整天空的曝光度和色彩，增强建筑物的细节等。

（3）图层管理：复制背景图层，创建一个新的调整图层。这样可以在不破坏原图的情况下进行编辑和调整。

（4）选区操作：使用"选区"工具选取需要调整的区域。根据需求，可以使用"魔棒"工具、"套索"工具或"快速选择"工具等。精确选取目标区域后，可以进行有针对性的编辑。

（5）色彩与光影调整：运用"曲线""色阶""色彩平衡"等调色工具，对选取的区域进行调整。根据照片的整体色调和氛围，灵活调整色彩参数，使照片色彩更加鲜艳、对比更加自然。同时，可以使用"阴影/高光"工具恢复过暗或过曝区域的细节。

（6）细节增强：使用"锐化"工具提高照片的清晰度，使细节更加突出。使用"降噪"工具减少照片的噪点和颗粒，提升画质纯净度。

（7）合并图层与保存：在完成所有调整后，合并可见图层，使修改生效。最后选择适当的文件格式和保存质量，保存修好的航拍照片。

总的来说，通过Photoshop进行航拍摄影修图可以实现更加精细和个性化的编辑效果。从基本的色彩调整到高级的选区操作和细节增强，Photoshop提供了全面的工具和功能，能够满足摄影师的各种需求。掌握Photoshop修图技巧对于提升航拍作品的质量和表现力具有重要意义。

⚙ **问题与思考**

1. 航拍摄影修图中，为什么需要进行画面的二次构图？

2. 如何修复航拍照片中的画质问题？

3. 绚丽的色彩在航拍摄影修图中如何体现？有哪些技巧可以应用？

4. 如何通过修图增添航拍照片的艺术感？

5. 在航拍摄影修图中，如何恰当地运用文字和装饰元素？

基于问题与思考的微课视频（参考）

航拍摄影修图为什么需要二次构图	如何修复航拍照片中的画质问题
航拍摄影修图技巧	航拍照片如何增添艺术感
航拍摄影修图如何运用文字	

13

学习单元13   航拍视频剪辑

学习单元导引

学习目标

知识目标

1 理解航拍视频剪辑的基本流程和重要性

2 掌握使用手机和计算机软件剪辑航拍视频的基本技巧和方法

3 学会通过剪辑提升航拍视频的视觉和情感效果

能力目标

1 能够使用手机应用进行基本的航拍视频剪辑

2 能够使用专业软件（如Premiere）进行高级航拍视频调色和剪辑

素养目标

1 培养审美能力和艺术创造能力

2 明确学习目标，提高学习效率

3 增强对航拍视频剪辑细节的敏感度和把控力

4 建立团队意识，提高团队协作能力

训练项目

1 使用不同的手机App进行航拍视频的基本剪辑和效果添加

2 使用Premiere等专业软件进行航拍视频的调色和复杂剪辑操作

单元结构

13.1 使用手机剪辑航拍视频的技巧与应用

13.2 使用Premiere调色航拍视频的方法与实战

航拍视频已经成为讲述故事和捕捉瞬间的重要手段，我们将探索如何通过后期剪辑将原始的航拍素材转变为引人入胜的视频作品。在这一学习单元中，我们将以典型任务为切入点，选择手机App剪辑和计算机Premiere作为我们的主要学习工具，探讨如何通过后期剪辑技术将平淡无奇的航拍素材变成充满生命力的视觉故事，深入分析每个剪辑决策背后的逻辑，评估不同编辑手法对叙事和观众视觉体验的影响，从而培养我们的批判性思维和创新能力。

13.1 使用手机剪辑航拍视频的技巧与应用

在本节中，我们将介绍如何使用手机剪辑航拍视频。以必剪App为例，我们将详细介绍从粗剪到精剪，再到添加效果、字幕和配乐的整个流程。通过这个单元的学习，我们将掌握如何使用手机剪辑软件将航拍视频制作成一部精美的作品。

资源链接：
使用手机剪辑航拍视频的技巧与应用

13.1.1 创建序列

通过创建序列，我们可将不同的素材归类和整理，使整个视频剪辑工作更加有序和高效。不同的序列可以代表不同的剪辑段落、场景或主题，我们可以按照预设的序列进行剪辑和编辑，这样可以大大提高剪辑效率并降低编辑过程中的错误率。通过调整序列上的时间线，我们可以更好地控制视频的节奏和观感，使整个视频更加流畅和自然；

▲ 打开必剪App。选择"开始创作"，按顺序导入航拍素材

也可以在序列中对音频、视频、转场等进行批量处理，这样可以大大提高后期处理的效率和准确性。

13.1.2 调色

从增强视觉效果和匹配风格这两点入手，对批量导入的航拍视频素材进行初步的简单调色。通过调色可以改变视频的色彩和色调，使得整个视频的风格和调性保持一致。例如，增加饱和度可以使画面更加鲜艳，调整亮度可以改变画面的明暗程度，这些都可以使视频更加生动和引人注目。

13.1.3 粗剪

通过粗剪，剪辑师可以对素材进行初步筛选、整理和构思，明确故事框架和结构，调整节奏和时间线，以及发现并解决问题。在此期间，剪辑师对素材进行初步的排列和组合，明确故事的起承转合，构建初步的故事框架和结构，把握整个航拍成片的大方向。

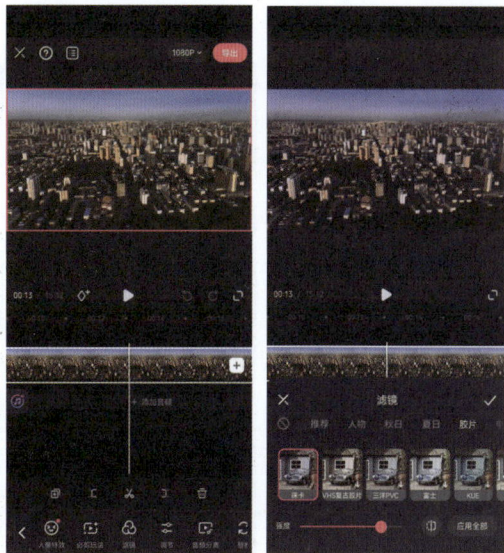

▲ 导入素材时可以根据个人意愿先简单调节，在"调节"选项中有不同的滤镜，如果航拍素材内容差别不大，可以点击"应用全部"按钮

▲ 视频快剪

▲ 长按素材并将其拖曳到适当的位置，可以调整原视频素材的排列顺序

必剪的视频快剪功能是专门针对中长视频的。粗剪，顾名思义就是大致地将原视频

素材进行粗略的剪辑，剪掉后期肯定不用的较长片段。

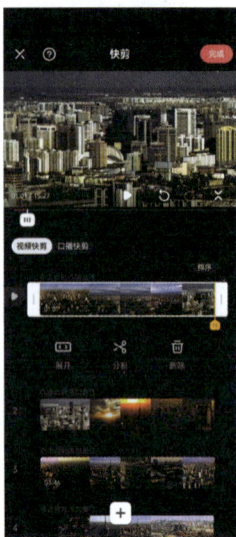

| ▲ 找到绝对用不到的较长片段 | ▲ 调节播放指针到该片段的起始位置，点击"分割"按钮进行分割 | ▲ 在分割后形成的新素材中调节播放指针到该片段的结束位置，点击"分割"按钮进行再次分割 | ▲ 删除已完全独立出的该片段 |

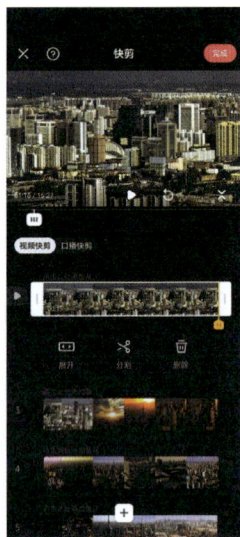

在手机剪辑软件中处理视频素材时，首先需要识别并剔除那些绝对不会用到的较长片段。具体操作如下：将播放指针定位到不需要的片段的起始位置，点击"分割"按钮进行第一次分割，这样原视频素材就被分成了两部分。接着，在新产生的素材中，将播放指针移至该片段的结束位置，再次点击"分割"按钮进行分割。完成这些操作后，可以删除已经独立出来的、无用的片段。接下来的工作就是继续寻找原视频片段中其他不需要的较长部分，并重复上述步骤。

之所以要将剪辑过程分为粗剪和精剪两个阶段，是因为这样做有助于构建视频的整体框架（类似撰写文章时草拟大纲）和详细调整每个细节。粗剪可以帮助我们确定视频的基本结构和节奏，而精剪则涉及对每个片段精确时长的控制和整体视频节奏的微调。

如果选择直接从视频开头剪辑到结尾，可能会遇到视频总时长超出预期计划的问题。这时，我们将面临两个不理想的选择：①压缩后面的内容，导致视频节奏失衡，结构混乱，给人头重脚轻的感觉；②删除已经精剪过的内容，这意味着之前的工作需要重新来过，影响剪辑效率。因此，采用分阶段剪辑的方法，即先进行粗剪构建框架，再进行精剪优化细节，可以更有效地控制视频的最终质量和节奏，提高剪辑工作的效率。

13.1.4 精剪

通过精剪，我们可以对视频进行细致的调整、优化和完善，强化故事表达，深化视觉效果，完善音效和音乐，添加特效等。精剪可以进一步梳理故事线，强化故事的情节和情感表达，使故事更加紧凑、流畅、有张力，确保视频的每一个细节都达到最佳效果，提升观众观看体验。

在手机剪辑软件中进行精剪的过程，主要是剔除与视频主题无关的片段，以实现视频内容更加流畅和节奏更加紧凑的效果。虽然每次剪辑可能仅减少一两秒的内容，但对每个片段都进行细致的精剪可以显著缩短整体视频时长。

"分割"按钮的功能是将一段视频分割成两部分。在使用"分割"按钮的同时，还需要熟悉其他辅助工具。例如，使用位于"分割"按钮左侧的"裁剪"工具可以删除当前播放指针之前的部分；而使用位于"分割"按钮右侧的"裁剪"工具则可以删除当前播放指针之后的内容。这些工具通常需要与"分割"按钮配合使用，以达到最佳的剪辑效果。

▲ "分割"按钮和左右两侧的"裁剪"工具

如果需要在粗剪阶段调整大段视频素材的顺序，可以长按并拖曳选中的视频片段，以改变其在时间线中的先后顺序。这种方式可以进一步优化视频的结构布局，确保内容的连贯性和逻辑性。

在手机剪辑软件中，通过合理运用"分割"按钮及其辅助的"裁剪"工具，以及在粗剪阶段对视频素材进行排序，可以实现精确控制视频内容和节奏，从而制作出更加专业和引人入胜的视频作品。

13.1.5 添加效果

在手机剪辑软件中，添加效果的主要目的是增强视频的视觉冲击力、丰富画面的表现形式、营造特定的氛围、引导观众的注意力，以及提高剪辑的效率。这些效果有助于加强视频的情感传达，提升观众的沉浸感，同时增强视频的节奏和观感，帮助观众更好地理解和感受视频内容。

为了制作一段画面逐渐放大的视频效果，我们会使用到关键帧的技术。首先，将需要放大效果的视频片段截取出来。接着，将播放指针置于该视频片段的起始点，点击界面上的菱形图标以设置第一个关键帧。之后，将播放指针移动到视频片段结束点附近，再次点击菱形图标以设置第二个关键帧。滑动两个手指放大画面，当屏幕上出现像准星一样的4条线交汇时，表示画面在放大过程中保持了中心对称。

播放这段视频时，画面会从第一个关键帧的大小逐渐放大至第二个关键帧的大小。

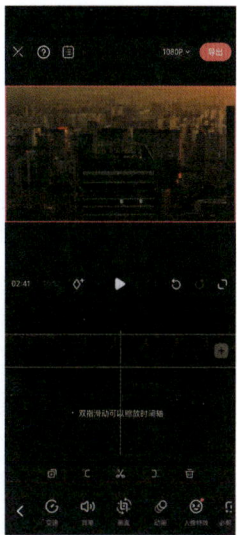

一旦达到第二个关键帧的设定大小，视频剩余部分的画面大小将保持不变。如果将第二个关键帧的效果改为缩小，那么播放的视频将从第一个关键帧的画面开始逐渐缩小，直到第二个关键帧的大小，并且在剩余的视频部分保持这一大小。

通过这样的操作，我们可以在手机剪辑软件中轻松实现画面缩放的效果，从而为视频增添动态变化效果，进一步提升剪辑作品的专业度和观赏性。

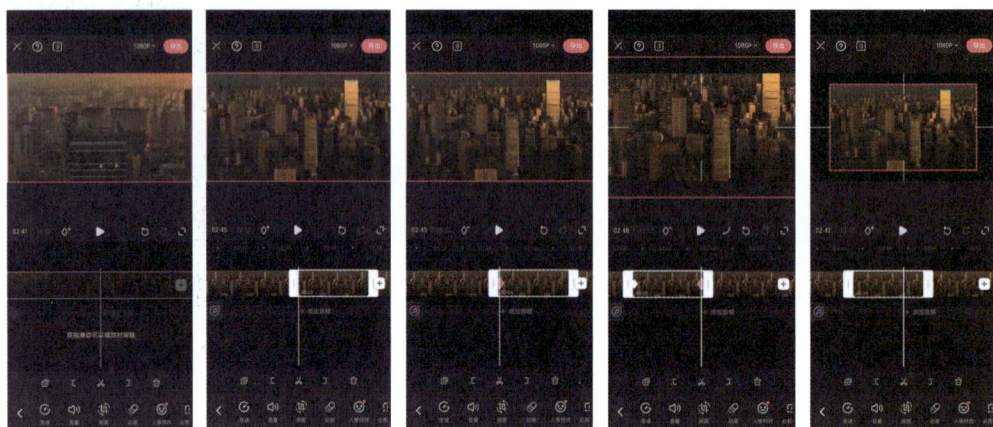

▲ 找到要添加效果的 视频片段

▲ 使用"分割"按钮 将该短视频前后截 取，并使其成为一 段独立的视频

▲ 将播放指针移动到 该视频的起始点， 点击菱形，添加一 个关键帧

▲ 将播放指针移动到 该视频的结束点附 近，点击菱形添加 第二个关键帧。两 指配合放大画面， 并使画面上下左右 居中

▲ 前面操作步骤不 变。两指配合缩 小画面，并使画 面上下左右居中

除了放大和缩小画面的效果外，还有许多其他效果可以添加到视频中以增强其表现力。例如，若要为视频片段添加黑白效果，可以通过以下步骤实现。

首先，选择想要编辑的视频片段。接着，在编辑界面下方找到"调节"工具。点击"调节"工具后，选择"饱和度"选项。将饱和度数值调整至 −100，这样视频色彩便会去除，呈现出黑白效果。完成这些调整后，播放视频，会发现所选片段已经转变为黑白色调。

黑白效果能够给视频带来复古或戏剧化的氛围，也可用于强调某些情感或叙事元素。手机剪辑软件提供的这类色彩调节工具，使得在后期制作中对视频风格和情绪的把控变得简单而直观。

▲ 点击"调节"工具，选择"饱和度"选项

处理两个大片段之间的衔接时，为了实现平滑过渡，可以添加合适的过渡素材。具体操作步骤如下。

首先，浏览至需要衔接的两个视频片段之间的编辑点，然后点击界面右侧的加号按钮，进入素材库。素材库中有多种热门的过渡素材可供选择使用。也可以通过输入关键词搜索指定的素材。

选择合适的过渡素材后，我们可以将其添加到两个视频片段之间。这样，当播放到这一点时，就会展示过渡效果，使得两个片段之间的切换更加自然和流畅。这种方式不仅增强了视频的整体观感，也提升了叙事的连贯性。

以上操作结束后可以根据个人喜好制作简单的片头，也可再次点击界面右侧的加号按钮，选用必剪提供的片头模板。

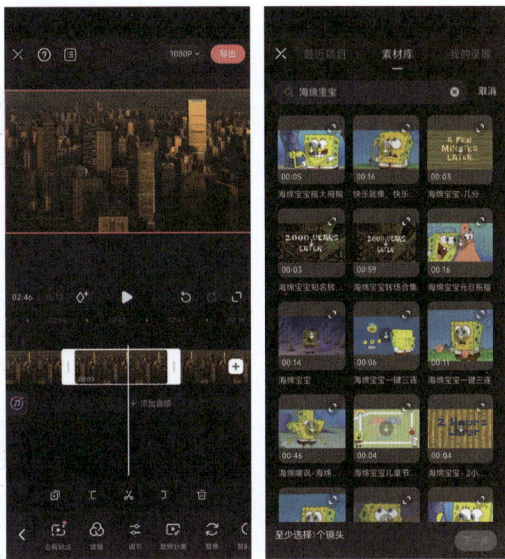

▲ 点击界面右侧的加号按钮进入素材库

13.1.6 添加字幕

字幕能够提供更丰富的信息，有时候视频中的对话或者声音可能无法清晰地传达所有的信息，这时候字幕

▲ 将播放指针移动至整部视频的起始位置　▲ 选择片头模板

就能够起到补充的作用，提供更多的细节和背景信息。对于一些观众不熟悉或者听不清的对话，或者对于一些没有背景知识的观众来说，字幕可以帮助他们更好地理解视频内容，使其更加关注某些重要信息或者画面细节。调整字幕的样式、颜色、字体等，可以让视频更加美观、有设计感。

选择字幕功能，选择合适的字体，调节描边的大小、颜色，确定好后可勾选"自动同步"选项。同时提供语音智能转字幕功能。

字幕还需要校对一遍，修改错别字或识别错误的字幕。在这个过程中注意以下两个问题。

（1）一段配音中的语句过长，字幕需要适当地分段，否则字幕将超出画面。

（2）为字幕添加描边，这样会有利于辨识。

13.1.7　添加配乐

配乐可以为视频营造特定的氛围和情感。不同的音乐有着不同的节奏和旋律，可以激发出不同的情感反应，还可以起到美化视频的作用。

好的配乐能烘托出航拍视频的气氛。点击进入音乐库，可发现有很多分类整理好的音乐。

添加的配乐的声音大小需要控制在合理范围内，如果配乐的声音比配音旁白或录制的同期音大，就会出现喧宾夺主、本末倒置的负面效果。

通过以上学习，我们了解了如何使用手机剪辑软件对航拍视频进行粗剪、精剪及添加效果、字幕和配乐。通过这些后期处理，我们可以将航拍视频制作成一部具有专业水准的作品。以上方法不仅适用于必剪 App，也适用于其他手机剪辑软件。无论我们使用的是哪款软件，都可以按照这个流程来剪辑航拍视频。

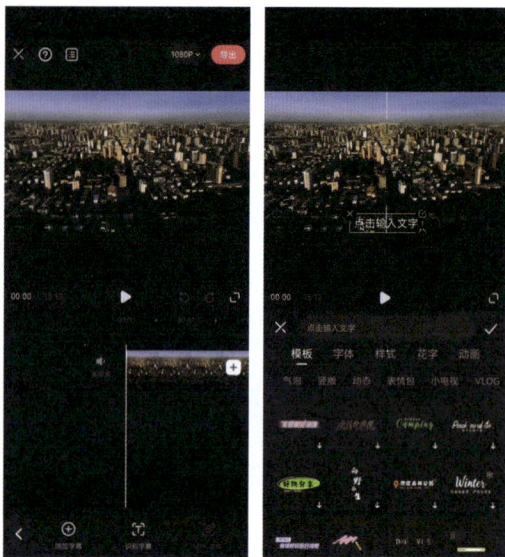

▲　将播放指针移动至需要添加字幕的位置，选择添加字幕　　▲　调整文字输入框的位置，选择适当的字幕模板

▲　选择音乐库，匹配合适的音乐

13.2 使用Premiere调色航拍视频的方法与实战

要想使航拍视频的色调具有电影感，可从颜色校正和风格化调色入手。通过剪辑软件Premiere也可以实现专业的调色。打开Premiere，选择菜单栏中的Lumetri颜色。Lumetri颜色面板分为6个部分，分别是基本校正、创意、曲线、色轮和匹配、HSL辅助、晕影。基本校正属于颜色校正，而创意、曲线、色轮和匹配、HSL辅助、晕影属于风格化调色。

资源链接：
使用 Premiere
调色航拍视频的
方法与实战

13.2.1 基本校正

航拍视频一般是由多个场景组合而成的，因为不同场景的光线白平衡、画面颜色会有所不同，所以在后期调色的时候就必须对这些素材进行统一的色彩

▲ Lumetri颜色的各项功能及分类

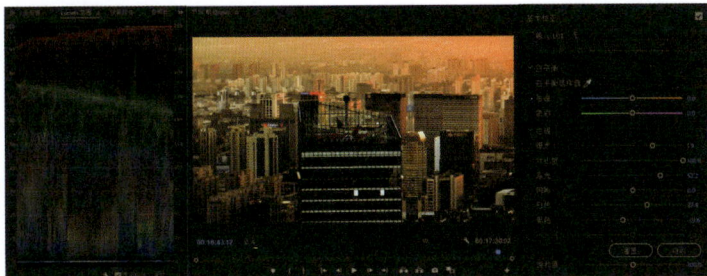

校正，尽可能地让所有素材的曝光、白平衡、饱和度等基本元素相近或相同，之后再进行风格化调色时，才能保证成片色彩风格的协调。

色彩校正就是校正画面的色彩和曝光，让所有素材的色彩和曝光处于近似水准。基本校正面板分为三个板块，分别是白平衡、色调和饱和度。

"白平衡"面板用于校正画面的色彩，"色调"面板则是用来校正曝光的白平衡。简单来说，画面中白平衡正确，我们看到的画面就和肉眼看到的真实画面基本一致；如果白平衡不正确，画面就会出现偏蓝或者偏红等情况。

"色调"面板用来控制曝光，"色调"面板分为6个部分，分别是曝光、对比度、高光、阴影、白色、黑色。

▲ 基本校正调节参考数值

航拍画面天空较亮的白色区域，如果看上去比较暗，就需要提升一些高光数值，让本应较亮的地方恢复应有的色彩。

在调整时需要时刻观察波形图的变化，如果波形图突破了数值0，就意味着画面中出现了死黑，暗部的一些细节会弱化甚至消失；如果波形图突破了数值100，就意味着画面中出现了死白，同样会影响亮部的细节，所以我们在调整的时候需要控制波形图，尽量不要让其超出0~100这个范围。我们应时刻牢记，使用Lumetri颜色面板进行调色只有一个目的，就是还原肉眼所见的较为合理的曝光。

饱和度就是色彩的鲜艳程度。这里可以稍微提升一下饱和度的数值，不然画面看上去可能会比较苍白。

13.2.2　创意

在"创意"面板中，第一个设置类似于滤镜的look，我们可以在其中选择"预设"选项，以实现不同画面风格的变化。而下方的"强度"按钮则用于控制这个滤镜的强度。由于我们是手动调节，所以暂时不使用预设外观。

▲　创意调节参考数值

需要强调的是，如果上一步的色彩校正工作得当，可以尝试套用look参数，通过适度降低强度设置，画面通常能够呈现出令人满意的效果。反之，如果色彩校正未进行恰当处理，进行风格化调整的意义将大打折扣。

淡化胶片效果类似于降低影像的饱和度，这往往使画面呈现出一种朦胧的感觉。适当地运用这一效果，可以增强画面的电影质感。

提高影像锐化程度可以使焦点内的细节更加清晰可见。加大锐化数值将使航拍画面中的建筑物更加清晰，而模糊的背景部分则基本保持不变。然而，过度地锐化会导致整体画面显得不自然。

自然饱和度的提高仅针对画面中原本不够鲜艳的区域，不会影响已经较为突出的颜色。这与全面调整饱和度的方式有所不同，后者作用于整个画面。

阴影色彩与高光色彩分别控制着影像中较暗和较亮区域的色调。例如，如果在高光部分选择橙色，那么画面中较亮的区域会显现出明显的橙色调，而较暗的部分则变化不大。若在阴影部分选用青色，则可观察到画面亮部偏橙、暗部偏青的效果。

色彩平衡调整中，减小数值会加强对高光部分添加颜色的控制，加大数值则会加强对阴影部分添加颜色的控制。

▲ 曲线中RGB曲线的调节参考数值

13.2.3　曲线

曲线面板用来对色相饱和度进行微调。简单来说，将曲线向上调整会使画面变亮，向下调整则会使画面变暗。在红色通道中，将曲线向上调整会使画面偏向红色，向下调整则会使画面偏向青色。在绿色通道中，将曲线向上调整会使画面偏向绿色，向下调整则会使画面偏向洋红。而在蓝色通道中，将曲线向上调整会使画面偏向蓝色，向下调整则会使画面偏向黄色。

我们在学习单元12中，对航拍图片调色时使用过曲线，可以参照其中的设置。当然，在具体实践中，也可以尝试调试出属于自己的曲线去提升画面的对比度。

色相饱和度曲线与传统曲线是有区别的，它可以用于控制某个色相的饱和度，在界面中可以看到色环和色点，可以选择具体的颜色。例如，选择橙色附近的曲线节点，进而控制橙色色相的饱和度则是由中间这个点来完成。

▲ 曲线中色相饱和度曲线的调节参考数值

要调整画面中的橘色，先找到色环中橘色所在节点。将节点向色环外拉，可以看到画面中的橙色饱和度上升；而将节点向色环内拉，画面中的橙色饱和度就会下降。在实践中，曲线部分的相关参数更适合微调。

13.2.4 色轮和匹配

色轮和匹配将画面分成了三大部分，分别是阴影、中间调和高光。可以看到每个侧轮旁边都有一个亮度调节控件，也可以分别对阴影、中间调和高光的色环进行微调，尝试根据需要点击色环的相应位置，使航拍画面在阴影、中间调和高光上产生不同色调的倾向。

▲ 色轮和匹配

色轮使用起来和创意面板中的两个色轮差距并不大，只不过这里更加细化，不仅仅是分为高光和阴影，还单独分出了一个中间调，上色原理是一样的。

13.2.5 HSL辅助

HSL中，H是色相、S是饱和度、L是明度，它又分为键、优化和更正3个部分。

▲ HSL示意图

键是优化和更正功能的前提，是选择画面中的
范围，如调节画面中的橙色，用吸管吸一下天空中的橙色，可以看到HSL的3个参数均出现了变化，其中H代表选中的色相范围，拖曳调节控件，可以看到被选中的地方是橙色，没有被选中的地方就是灰色。S则是控制橙色的饱和度范围，拖曳调节控件，扩大保护度范围。L调整画面中橙色的亮度范围，稍微扩大一些亮度范围，可以看到整个航

▲ HSL辅助键的使用

拍画面中，因夕阳笼罩产生的橙色就被选了出来，通过键的调整选出了某种指定颜色范围，只对选出来的这个范围进行细微调整。

13.2.6　晕影

晕影中的数量：降低数值，增加黑边；提升数值，增加白边。中点：用于控制黑边或者白边的聚拢程度。圆度：用于控制黑白边界的圆弧度。羽化：用于控制黑白边淡入、淡出效果的强度。

▲　晕影调节数值

项目　生成与渲染

在完成航拍视频的剪辑、调色、添加字幕和音乐等步骤后，最后一道工序是生成和渲染输出视频。常见的视频输出格式包括MP4、AVI、MOV等，而分辨率则决定了视频画面的清晰度。可以根据不同的需求和应用场景，选择合适的输出格式和分辨率。这一环节对于最终视频的质量和观感至关重要，涉及视频的编码、分辨率、输出格式等方面的设置。下面，我们通过项目详细讨论航拍视频剪辑的生成与渲染过程。

1. 视频编码

视频编码是航拍视频剪辑中非常关键的一环。它决定了视频的压缩效率和图像质量。在航拍视频中，经常涉及高分辨率和大量的细节，一个高效的视频编码方式能够确保视频文件不会过大，同时保证画质的清晰度。

H.264和H.265是目前主流的视频编码标准。H.265（也称为HEVC）相比H.264在相同的图像质量下，可以提供约50%或更高的压缩率。这意味着，对于同样的视频内容，H.265编码的文件大小会更小，而视频质量几乎没有损失。对于航拍视频来说，这种编码方式非常适用，因为它可以在保证视频质量的同时，减少存储空间，降低对传输带宽的要求。

此外，编码参数也是重要的考虑因素。比特率、帧率和编码设置等参数将影响最终输出的视频质量。比特率决定了视频的数据传输速率，较高的比特率可以提供更好的画质，但同时也会增加文件大小。帧率决定了视频的流畅度，通常选择25~30帧/秒的帧率可以获得较好的观看效果。编码设置包括量化参数、运动估计等，它们会影响压缩效率和画质。根据实际情况调整这些参数可以获得更好的输出效果。

2.分辨率

分辨率是指视频画面的像素数量。在航拍中，由于经常涉及大范围的风景和细致的场景，所以高分辨率是很重要的。一般来说，1080P和4K分辨率是航拍视频的常见选择。1080P分辨率可以提供清晰、细腻的画面，适合大部分的显示设备和观看距离。而4K分辨率则提供了更高的像素数量，画面更加细腻，特别是在大屏幕或高清设备上播放时，效果更为震撼。

但需要注意的是，高分辨率也意味着更大的文件大小和更高的处理要求。因此，在选择分辨率时，需要根据实际需求和目标观众的设备条件进行权衡。

3.渲染输出

在确定好输出格式、分辨率和编码方式后，就可以开始渲染输出视频了。这一过程通常需要在手机或计算机上进行。在手机上，可以使用各种视频编辑App进行渲染输出；在计算机上，可以使用专业的视频编辑软件如Premiere等进行渲染输出。

在渲染过程中，可以根据需要设置视频的帧率、比特率等参数，以确保最终输出的视频质量符合要求。此外，还需要耐心等待渲染过程完成，特别是在处理较长或较高分辨率的视频时。渲染过程中可能会消耗较多的计算资源，因此确保设备性能足够可以避免卡顿或崩溃等问题。

另外，还可以在输出前进行预览，检查视频是否符合要求。预览可以帮助我们发现并修正潜在的问题，如颜色失真、音频失真等。如果有需要，可以进行参数调整以达到最佳效果。

总的来说，通过了解输出格式和分辨率、选择合适的编码方式进行渲染输出，我们可以生成和渲染出高质量的航拍视频。这些步骤需要细心操作并根据实际情况进行调整优化，以确保最终输出的视频效果达到最佳。

⚙ 问题与思考

1. 航拍视频剪辑的一般流程包括哪些步骤？为什么这些步骤对于最终的视频质量至关重要？

2. 在进行视频素材的初步处理时，应该注意哪些方面，以确保剪辑过程的顺利进行？

3. 如何运用调色与滤镜来增强航拍视频的视觉效果？

4. 播放速度和转场如何影响航拍视频的节奏感和连贯性？

5. 字幕和音乐在航拍视频剪辑中起到什么样的作用？如何选择合适的字幕样式和音乐？

基于问题与思考的微课视频（参考）

航拍视频剪辑 一般流程	视频素材初步 处理注意事项
航拍视频如何 增强视觉效果	航拍视频播放 速度和转场

航拍视频剪辑如
何选择字幕样式